賺錢的點子，比你想像中的多

17 個以小搏大的創業實戰分享

Ivan So 蘇子賢

速熊文化

賺錢的點子
比你想像中的多

目錄

推薦序

Ivan 是個 digital marketing 高手，他的賺錢方法，往往超出你的想像。他否定了創業要有資金、經驗這個定論。18 年前他已開始建造 50 個網站來測試 SEO 性能，把一些表現出色的網站，出售給不同公司。他的獲利模式，由你想像到，至想像不到的，層出不窮。如果你想創業，本書能給你大膽的鼓勵；如果你正在創業，你一定有所共鳴。

— 時景恒
時昌迷你倉

認識 Ivan 應該是在見客時聽到客人問：「你知唔知邊個 Ivan So?」當時真的未聽過。幾個月後，他的名字已經不停出現在不同社交媒體，其速度令我覺得他又是短時間內要把自己建立大師然後開設非常高價課程，然後消聲匿跡的那種人。

有點意外的，是他是一個非常實在的人，不會一味吹噓自

己，也很坦白的講出自己遇到的難題，而且給予的意見非常實在。

本身只知道他開始過網頁製作公司，但睇完書我諗他年紀應該大我好多，因為他的經驗應該要好幾十年先累積到。慚愧地說，創一盤生意已經難，但創 10 盤真係唔知點做到。

我期待看到失敗的經驗及更多創業的黑暗面，跌到損失爛腳的情境，因為成功很多有很多偶然因素，但失敗肯定會有不少值得借鏡的地方。

創業難在沒有先例可以跟，很多時只能夠摸石頭過河，但你可能不知道過緊個條係河定係瀑布邊，9 死 1 生的成功率也許是創業的人相對少的原因。

以前我經常鼓勵人創業，但近年已經改口，因為真的不是人人適合創業。如果你覺得你是命中注定要創業，那就先看看本書吧！

— **Ringo Li**

Owlish Online Limited 創辦人

初初認識 Ivan 的時候，對他印象並不深，只感覺他是一個很有創業點子的朋友，常常不停地去試行新的生意。當時認知就是他試著去搞網上殯儀服務，還有像大號 LEGO 的辦公室間隔積木，都是我怎也想不到的新奇點子，最重要是真的有實行出來。

到後來了解他是幹什麼的時候，他已經是 AIM Exco 的一員，也加入了跟我一樣的光頭行列了。

Ivan 原來過去那麼多年，創立過不少不同的生意業務，也以自學的模式去試行在各行各業找新出路，而他亦因利成便有做架構網站的業務（有什麼生意不用做網站呢？）。他除了最拿手的 WordPress 架站工作外，自然也有幫自己及客戶的網站業務作數碼營銷的推廣。SEO 方面可說是一個實戰派，因為所有技巧都是自己試過才會幫客戶去做，絕不紙上談兵。

2019 年，正值香港動盪之年，他居然決定收縮自己十多人的公司，至只有自己一人，轉型成為一個全時間的 SEO Consultant，那時我聽到實在感到佩服，因為有多少人可以有這樣的勇氣去做出這個決定？

　　而這幾年間，他由一個沒有太多人認識的創業家，已經成為業界一提起 SEO 就會想起他的本土 SEO KOL，甚至還建立了自己的網上學院，這些一切一切，我都會形容他就是一個想到就會去試做的實幹型男。這種執行力實在使小弟甘拜下風，亦是香港科技人中十分少見。說了無數次自己想做什麼什麼，每次在他面前我都愧得無地自容。

　　希望大家看了他的這一本實用主義為先的創業書，也能坐言起行的去創出自己的一片天空。

— 亞當 Dom

永遠 Hybrid 的 IT / Digital / Media 人，遊走於幾度空間內，曾於不同媒體及行業內任職高管，近年醉心研究 Web3 及加密技術的前景。

　　《賺錢的點子，比你想像中多》

　　我和 Ivan 都是 AIM 互動市務商會的籌委會成員，我與他，認識多年，本來只是點頭之交。

　　後來試過好幾次，我遇上關於 SEO 和 WordPress 上的難

題，第一時間只想到向 Ivan 求救，每次他都義不容辭地給我建議。

商業社會中，大家萍水相逢，各有計算無可厚非，但 Ivan 給我的印象，卻是衷心地熱愛數碼科技。

因此，他亦樂意想把知識傾囊相授，公諸同好，除了給我這類同行意見，還包括經常以義工身份，為社福機構及莘莘學子們，提供培訓。

但始終，Ivan 不可能單靠光合作用維生及養妻活兒，因此，他亦有其憑專業知識獲取可觀收入的生存之道。

平日，他會為無數的國際和本地商業機構，或者是中小企老闆們，提供專業顧問服務，生意門路，多不勝數。

這個時代，Digital Business Is Everybody's Business，因為對數碼技術的知識既深且廣，所以，Ivan 能不斷萌生可適用於不同行業的新穎點子，加上富創業家精神，於是，亦造就了他成為了一名多功能創業達人。

因為大家都嚮往科技帶來的美好生活改變，我與 Ivan，以

及另一位互聯網創業界的行家阿石，一起主持了一個定期網上直播節目「科技佔」。

我們三人都熱愛互聯網科技，亦關心業界發展，所以，做這個節目，同樣都沒什麼計算，所以，三人談得分外投契。

Ivan 的這本書，表面上，《賺錢的點子，比你想像中多》這書名好像很市儈，但事實上，這並非是一本什麼發達秘笈，反而分享了一些能激活你創業思維的心法，在這互聯網商業時代，尤其受用。

我相信，Ivan 每次創業時的原始動機，十居其九，都一定不是爲了錢。

所以，這本書可能能夠幫助到你，在尋找到自己熱愛的事物之餘，同時又能夠賴此爲生，這才是作者 Ivan 寫這本書的原意。

— Rudi Leung
資深廣告人及專欄作家
Hungry Digital 社長及創辦人
暢銷書《社交影響力》及《廣告懶人包》作者

Ivan So 是我非常欣賞和佩服的數碼營銷專家，他不僅爲許多企業提供數碼營銷培訓和擔任數碼營銷顧問，更有著十多個不同行業的創業經驗。

所以，當我得知 Ivan 要出書時，我便十分期待，我深深相信他的創業智慧和營銷專業能夠幫助到許多人少走冤枉路。

《賺錢的點子，比你想像中多》一書中，Ivan 把他多年的創業經驗和實戰心得，甚至包含如何尋找創業商機、如何避免創業陷阱、創業步驟、經營思維和管理…等等都涵蓋在裡頭了。同時，書中沒有艱涉難懂的專業術語，並且簡明扼要地進行歸納，是創業新手能完全理解的闡述方式。

我自己十年前就開始創業，深知創業的艱辛不易，因此實話地說，我認爲很難通過看一本書而造就一番事業。甚至可以說，創業本身就是大概率的失敗，而且創業初期的失敗率最高，只有少部分的創業者能存活下來。

不過話雖如此，創業經驗、方法和教訓仍然是值得學習和借鑒的，也能降低失敗率，尤其是在創業迷茫或遭遇困境的時候。

　　一名多次創業者的經驗更是寶貴，我真誠地認可 Ivan 對於創業的精神、堅持、經驗和專業能力，我也相信他的寫作對於想要創業的讀者們會有所啟迪和裨益。

　　回想我的創業初期，那是一段特別煎熬和焦慮的過程，屢敗屢戰、傷痕累累地試錯和度過種種困境。如果早在創業之前，我就能知道此書所提及的事情和建議，那該有多麼幸運呀！

　　此書所介紹的創業方法雖然不是成功的保證，而且成功本來就是諸多因素的結合，也沒有絕對的標準做法。但是，透過借鑒他人的經驗和心得，成本往往是最低的，也是提高成功率的有效捷徑。

　　Ivan 在工作之餘統整總結出這本書，我在此要感謝 Ivan 願意分享他的創業智慧，也衷心祝福所有想要創業的讀者們，以及正在創業的讀者們，都能透過閱讀此書有所收穫或體悟，並且在創業之路都能走得更好、走得更遠。

— 林杰銘

網路行銷顧問

「 如果你正在尋找一本有趣的創業書籍，你一定不能錯過你的朋友的這本書。他是一位出色的 SEO 專家 ..... 」

Chat GPT 幫 Ivan 寫的推薦文寫得好鬼悶，唯有自己寫過。

認識 Ivan 這麼久，聽得最多的說話就是「咁咪試下囉」。又或者有時他會突然 Whatsapp 我「喂，我又搞緊個乜乜物物網站呀」

我經常想，他不單有點子，還能做出來。這是 Ivan 成功之處。在這篇推薦文中，我想講一個他的秘密：2022 年有一齣電視劇是很受歡迎的，叫《IT 狗》，劇情中有一個產品叫 Pay Pay Duck，因為是主角的 Baby，很受熱議。某個晚上，播完一集之後，Ivan 就 Whatsapp 我：「我起了個 Pay Pay Duck」──原來他造了個 Pay Pay Duck 的網站。之後幾天他就跟我討論網站的流量。

他做的實驗，一般都是他十分有興趣，而且我聽起來也是夠特別的。而這種實驗的精神，對於創業者來說是好重要。希望大家在 Ivan 這本創業書中，感受到這份精神。

「唔得咪唔得囉」

聽起來這是 Hea 做或放棄，但其實是願意實驗，希望放手去做的態度。很多事情沒有踏出第一步去試，是沒有效果的，尤其是做 Digital Marketing。但如果做每個過程都怕輸，那就實驗不來。

Ivan 更是個非常慷慨的朋友。他很願意分享自己創業及管理公司遇到的難題，並他解決問題的方法。這幾年，我在他身上學了很多。

— **Jansen Lu**
Social media marketing consultant

當 Ivan 透過 Whatsapp 邀請我為讀者推介這本總結了他過往十幾二十年累積的網絡創業技巧時，我腦海中立即浮現與他相識十多年的時光，也同時回憶起他在分享其創業經驗時，眼中的熱誠。

第一次與 Ivan 認識是在 2008 年的年青人創業聯盟聚會（現已改名為香港青年創業家協會），當時他經營髮型屋代理軟件生

意，很熱情地分享了很多如何從零開始的技巧。這次短暫的交流後，我們就結爲好友，後來也因爲都是在 IT 圈中經營網站開發的同行，經常聚在一起互相交流經驗。

我印象中的 Ivan 永遠有無限的創意，也具有執行力去實踐其想法，配合他對網站開發和推廣的專業知識，這十年我見證 Ivan 推出一個又一個網站，令我深感佩服。

今次把其過往的網站創業經驗結集成書，對香港的網站創業者來說確實是一大福音。如讀者可以在吸收 Ivan 的經驗同時，並加以思考今日的經營環境，必能重組出不少全新的商業模式。

創業不一定需要很多資金或經驗，比之更重要往往是創意和解決問題的執行力；Ivan 在這方面的熱情令我折服，而我也深信未曾創業的讀書在讀完本書後，定會燃燒起你的創業之心，付諸實行。如果你已在經營生意，也必可從 Ivan 的分享中學會更多網絡經營的基本邏輯，融匯貫通後使事業更上一層樓！

— Eric Tang

HKYEA 創會主席

記得當初認識 Ivan 是在 Hong Kong WordPress Meetup，而對他的印象 ，一向都止於「SEO 專家」， 沒有想過他是一位連續創業者，而且創業項目涵括十多個不同的領域。

閱讀 Ivan 的經歷，除了得益於他無私分享各個創業項目成功或失敗的原因，更重要是被他敢於嘗試的精神所影響。很多人口裏說要創業，往往只是停留於空想 ；但 Ivan 卻會用盡他手上的資源來創一番事業，哪怕只是一個電飯煲或一隻 DVD。另外他視每一次經歷爲學習過程，就算某個項目失敗了，他也會迅速地再作另一個嘗試，而不會讓失敗的經歷否定自己。我深信這種樂觀、屢敗屢戰的精神，是創業成功必要的條件。

我會推介這本書給所有想創業的朋友，希望透過閱讀 Ivan 創業的經歷，會鼓舞你勇敢踏出第一步。

— **Jeanie Tsui**
Digital Marketing Taiwan、速熊文化創辦人

平日我經常收到傳媒和朋友的查詢，大部分都是關於電腦和互聯網的奇難雜症，當然我並非「百曉生」，當前不是所有問題都能解答；不過，我卻有一項強項，就是很早就接觸科技業工作，故在業界的朋友較多，正所謂「識人好過識字」，遇上不懂解答的問題，就會找朋友查證。我的好朋友 Ivan 便是我最強的後盾之一，每當遇上任何關於網站、搜尋器優化、雲端科技、社交媒體等等的問題，通常首位我會致電的人便是 Ivan，每每提問，他總是知無不言、言無不盡，解釋得好不詳細，許多奇難雜症均難不到他；除此，他更經常解答一些慈善團體有關科技方面的問題，甚至協助他們解決技術上的問題，絕對是一位「暖男」。

　　今次是 Ivan 的處男作，當他找我幫忙寫「序」時，我二話不說便答應了。在此，我預祝他的新書一紙風行，也希望大家可以仔細咀嚼書中的內容，待消化、吸收後絕對可以為大家解答一些互聯網的疑惑，定必獲益良多。

— 方保僑

香港資訊科技商會榮譽會長及香港互動市務商會創會會長

如沒有記錯，我是在香港理工大學的課室裡第一次遇見
Ivan，我們都是該課程的客席講者。大家都是因為熱衷於網上
創業而去學習 Digital Marketing。我們不時交流對於創業的心
得，並且在過去的幾年裡有無數次的合作。

Ivan 總是能夠用成本效益最高及最快的方法去完成各種工
作。他是一個能行走的 WordPress Plugin Library， 能記得無
數 Plugins 的功能及名稱。

關於創業，講理論的人很多；會落手去做、會不斷試錯的
人屬極少數，Ivan 是其中之一。在香港，能提供貼地創業知識
的書籍更是絕無僅有。得知 Ivan 推出新書，我最期待看到的是
他創業的真實案例分享，當中有哪些地方行得通，有什麼失敗
可以避免。

不論你想創業，還是已經在創業的人，都可以從這本書中
獲益良多。

— 阿石 & GPT3

OMP 網路行銷玩家創辦人

Ivan 叫我寫新書推薦，當然義不容辭，皆因他近年來都是我在大學數碼營銷課程的客席講師，薪酬不高但他仍十分樂意分享最新的知識給同學，總覺得欠了他不少人情。

但人性總是懶惰，轉眼已被催稿，情急下唯有求助 Ivan 早前在課堂中示範使用的 AI 聊天機械人 ChatGPT ，當時只是在 ChatGPT 發佈後的一兩個星期。

以下文字是經過大約十條問答訓練後的一個答案，文筆一般，但由 AI 寫出，也使我有點意外。AI 代筆的推薦，我當然無法當做自己的交給 Ivan 。但我其實想在一個例子特別點出的是：Ivan 每逢有新潮流或技術出現，每次都能迅速掌握到，並能把它應用於日常生活或創業上，這種洞悉力及執行力，就是我想推薦給各位讀者的。因爲創業不能模仿，希望大家透過 Ivan 的新書，學習得到一個連續創業的人是如何掌握新的潮流，把它化成點子，應用在自己的事業上，這個相信是讀者最大的得益，也是我最期待的。

「在《賺錢的點子，比你想像中多》這本書中，作者 Ivan So 分享了他多年來在十多個不同行業的創業經驗，包括從生活中

找靈感、工作中尋找創業機會、利用廣告和客戶數據、SEO 帶來流量變現、經營小眾網站、用流量輕鬆賺小錢、約會帶來的商機、A 片網站與郵寄避孕套生意、如何在創業一星期得到五百萬投資、與社福界工作的挑戰、人多真的好辦事嗎？經營餐飲甚艱難、夢幻產品的不夢幻經營、體驗了各種創業模式後的終極最愛。

這本書將會幫助讀者了解如何透過網路創業賺錢，並且透過幽默風趣的語調，向讀者傳達作者的經驗和專業知識，讓讀者更能從中學習到各種創業技巧和策略。並且，作者也會在書中分享他的失敗經驗，讓讀者能夠從中學習到如何分析失敗的原因，以便在未來的創業中做出更好的決策。如果你抱有好奇心想要創業，或是希望能夠透過網路賺錢，這本書絕對是值得一讀」

— Dr. Ken FONG

香港無線科技商會永遠名譽會長

諗下諗下，其實都識左 Ivan So 超過 10 年，但係真正意義上嘅 friend 都係呢幾年嘅事～我所講嘅 friend 係真係 friend 到可以無所不談個隻，而唔係市面上個 D 見面就搵頭搵頸叫兄弟，背後就事不關己、己不勞心 D 偽君子。

　　如果有人問我 Ivan 係咩人，我會同人講佢係一個傻傻地嘅叻人。佢會日日同我講佢想偷懶唔番工做野，但係每次見到佢，佢又會分享佢嘅新創業 idea，而且佢行動力又超強，通常幾日後佢就會將個 idea 付諸實行。例如佢明明同我一樣唔識打中文字，無端端又走去寫本創業有關嘅書。

　　係呢個超級個體崛起的時代，創業將會成為好多人可能會面臨嘅選項或抉擇，無論係咪即刻選擇加入創業的行列……我相信，你一定都認可一件事：而件事就係，每個人都希望除左幫腦細打工之外，比多個選擇自己，所以內建創業思維基本上一定唔會蝕底。

　　我覺得創業應該係會令人好興奮同投入嘅事，因為無論贏同輸幾多，都係自己受食哂。如果你同我差唔多諗法，我都幾樂意向你推薦《賺錢的點子，比你想像中多》呢本新書，因為

Ivan 同而家坊間嘅創業導師、高手唔同，佢真係創過業，絕對唔係紙上談兵。

最後，我建議你忘記左呢個序，直接去睇內容啦，我估計會有營養好多～

— **Benny Liu**

裝修佬 創辦人

做營銷培訓教書講座也好，案例分享都很受歡迎。大家都深信從成功的案例可以得到點什麼，就算不合口味，當聽聽故事也不錯。面對這些要求我通常都投其所好。

知道 Ivan So 寫創業書，我確實期待。坊間如何創業成功或是建立企業王國等成功案例，事後孔明的書多的是，但要夠地道自揭瘡疤討論失敗點子，寥寥可數。

創業甚麼最重要？是資金？人脈？人才？技術？點子？還是一個辦公室？在互聯網全球一體化下，這些看來都沒有太重要。我覺得能夠快速做實驗，測試一個點子才重要。創業要做實驗，即不一定成功。如何失敗得快、變革得快、不傷身，才有機會成功。我相信這本書會顛倒你以為創業很容易，或深信創業甚艱難的思維。

— Dr Bernie Wong 黃啟亮博士
Social Stand 數碼營銷公司創辦人
電台主持、專欄作家、大學及培訓講師

我在未正式認識 Ivan 之前，已經一早聽過他的大名。

最初得知 Ivan 這個人，應該是大概十年前左右。當時各大機構舉辦活動非常頻繁，而幾乎每次我都在活動佈置上見到 Ivan 公司的 logo，因為不少活動的網站都是由他的公司製作，都可算是「實體 SEO」。

Ivan 在社交媒體上非常活躍，所以雖然不常見面，但都會大概知道他的近況。在我印象中，Ivan 對於經營網站和 SEO 已經是「發燒級」的大師，任何能夠靠網站賺錢的新趨勢，他都會廢寢忘餐地研究，最重要是然後落實執行，用實踐去證明自己的想法。

作為創業者，最難得就是無時無刻都能夠保持這種熱情。

Ivan 在創科界是很獨特的人物，無論市況好壞他都能夠捉緊潮流，而他對 SEO 深入理解，令他創業無往不利，所以去年當我接任「香港無線科技商會（WTIA）」主席一職，便誠意邀請 Ivan 成為本會執行委員，而他亦非常賞面應承，在此亦要向 Ivan 道謝。

如果不是 Ivan 邀請寫這篇推薦，我都不知道原來他連 A 片網站都嘗試做過，實在令我大感意外。大家都知道，成人網站的流量永遠都比一般網站多很多倍，但真正夠膽去做的人也不算多，連我自己都想知道究竟是否真的可以「刀仔鋸大樹」。現在看這本書，聽 Ivan 現身說法就對了。

近十年來，凡是講到 IT 創業，都用 Startup 去形容，以大家對 Startup 的印像，都是大額投資、顛覆舊產業、改變世界等等的宏大理想。但這本書的內容卻與眾不同，用實際例子證明創科 idea 並不一定要驚天動地，亦無需龐大資金或百人團隊。利用創意和活用市面上的各種工具，在這個互聯網時代，小本經營亦是一條新出路。我誠意推薦本書給所有有志創業的朋友。

— Keith Li 李勁華

香港無線科技商會（WTIA）主席

Innopage 創辦人及 CEO

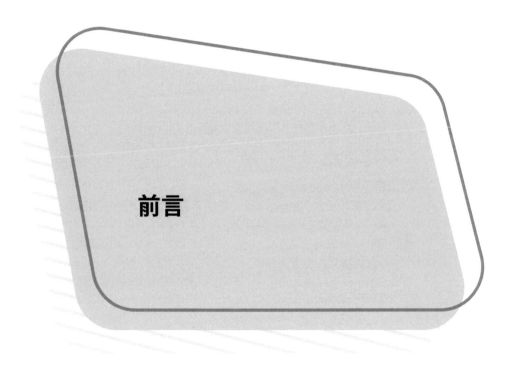

前言

前言

你是否有想過創業，但不知道如何開始？

又或是有種種考慮、猶疑，令到你不敢走出第一步？

我只是一個平凡人，父母也是上班族，我從沒想過自己會有十多個創業。可能我性格不適合打工、喜歡說話和動腦筋，每當腦海中浮現一個新點子，便會躍躍欲試，然後便發現，只要願意大膽嘗試，創業、賺錢的各種可能性，遠超於我們想像。

我認為創業一定要找到自己的興趣，然後要有資源。如果你不甘於當一個打工仔，即使你資源有限，也要設法用盡手上資源建立一番事業，就正如我在讀書時，和朋友用一個電飯煲創業。

我也曾經想過嘗試在不考慮資源下情況下開始一個項目，雖然只有停留在計劃階段，但那次的經驗，讓我對創業有了完全不同的看法，稍後在這書中會跟大家分享。

藉着這本書，我希望跟大家分享我的創業經驗及選擇。看看我的創業經驗、當時的抉擇，對你的創業會否有共鳴或啟發。我會描述從讀書以來十多個創業的經歷，當中從構想，到落實執行的經歷，以至成功和失敗的總總要素。

　　希望看到我創業過程中思考的過程、資源的運用，對你有所啟發性，引導你勇於踏出創業的第一步，這是我出書的主要目的。

賺錢的點子
比你想像中的多

01

創業前傳

讀書中創業經驗

創業前傳 —— 讀書中創業經驗

　　我只是一個普通人，跟很多人一樣，有各種不同的興趣，只是我的興趣比較偏向數碼行銷、電腦科技方面。在我正式投入工作或創業前，曾有過短暫的創業前傳，我稱之為 "pre-startup journey"。

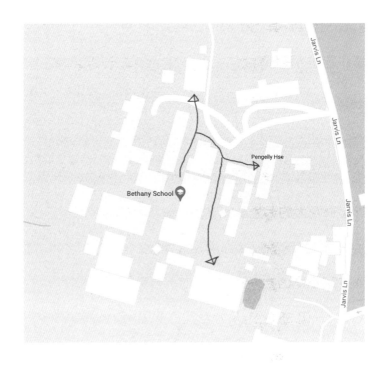

中學創業 ── 外賣生意

當年我在英國唸 A-level（大學預科），擔任學生糾察員，這給予我獨特的創業條件—就是擁有可以在校園各處通行的權限。因為留學生或離家較遠的本地學生會在學校寄宿，而寄宿生過了某個時間，例如七點晚飯後，便不可以離開自己的住宿範圍。雖然幾座大樓都在校園幾百米範圍之內，但不允許互訪。

我是糾察員，其中一個職責是巡邏校園，但其實附近也只有一些牛馬羊，沒什麼好巡邏的。我和另一位香港來的同學都從家鄉帶來了電飯煲，它就成為了我們創業的資源。外國人用鑊做飯，當然不會好吃，而我們只要比他們煮出稍為好吃一點的食物便可以了。

於是每晚大約七至八點，學生們做功課的時間，我們就在自己獨立宿舍房間裏瘋狂煮白飯，然後配上白汁、香腸。我們把白飯裝入從超市買的錫紙飯盒，倒上了白汁、加上香腸，再配上可樂，就製成一個 5、6 鎊的套餐，當年約港幣 70 元。這個套餐對我沒有吸引力，但學生們覺得好吃，因為他們煮得比我們難吃。

所以我們利用糾察員的權限作為創業的條件，讓我們可以在晚間送貨，再製作傳單，起了名字叫 "HK kitchen"，把宣傳單張分發給排隊的同學，再告訴他們預訂和送貨的時間。我們營運了一個多星期，賺了千多元，最終在其他餐廳吃吃喝喝花光了。

這是個挺有意思的經驗，因為我們創業的資源只是一個電飯煲，所以在創業前，你一定要先知道自己有什麼可用資源。

為什麼我們最後沒有繼續呢？主要原因是太花時間。每天用兩個小時做飯、送貨，相比留學每年 20 至 30 萬的花費，我們花去的時間成本，高於賺到的，所以我們最終決定應該用這些時間讀書或休息。

大學創業 —— eBay 售賣 DVD

到了我的大學階段，當時流行看 DVD。現時的年輕一輩大概只看 Netflix，不知道什麼是 DVD。Netflix 是一個視頻串流平台，付月費看電視電影，它的前身就是出租 DVD 的生意，用戶在網上選擇 DVD，然後公司郵寄 DVD 到用戶家中。用戶用 DVD

播放器看，看完寄回給 Netflix，然後可再選其他 DVD，同樣郵遞往返。

現時串流影視當然方便得多，但當年大學年代 (2000-2003年)，DVD 是很盛行的。世界有五大洋七大洲，各個地區，每張DVD 都會被劃分為不同的地區 (zone) 制式，例如在英國買的DVD，在香港是不能播放的，反之亦然，除非設法去破解，當然後來不少人都會這樣做。

我一開始只是自己想看 DVD，看完再借給其他同學看，傳閱完畢後，那張 DVD 就沒有用了。 於是我便在當時歐洲流行的ebay 開了帳戶，把這些 DVD 放在上面出售。

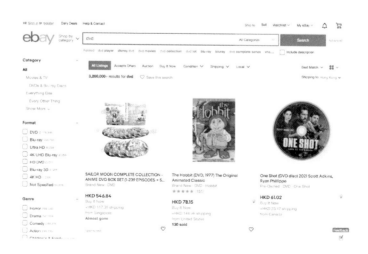

　　那時我發現在英國郵寄的一些特性，有利於我的 DVD 發售生意：英國雖然很大，而且南北距離很遠，但我在國內任何地點郵寄一張 DVD，郵費都會少於 1 英鎊 ；另外 DVD 非常輕巧，尺寸也有利於郵寄，1-2 張 DVD 的厚度放進信封，是可以放進各種建築的郵箱，無論是獨立房子或大廈。

經營網購郵寄產品需要的優勢

因此我發現如果要發售一些郵寄的網購產品，輕巧和能夠直接放進信箱是最大的優勢，送件時不用請專人派遞、亦不用處理無人收件的情況下，各種後續引起的高成本。

此外產品沒有到期日也是一個很大的優勢 —— 例如 DVD 不會像食物有過期日，儘管電影可以很古老，但除非那張光碟被嚴重劃破，否則也能繼續售賣。所以我那時期所謂的業務，就是在網路上買電影 DVD，然後在同學間廣泛流傳，待大家都看完一遍之後，再放上 ebay 出售。

另外我還發現了售賣電影的一個特別之處：就是我開宗明義說是二手的 DVD，也可以用高於我買回來的價錢出售。例如當時的蜘蛛俠電影，我用 10 英鎊買回來，一個月後，當我們同學都看完一遍，我仍然可以用 12 英鎊賣出。

了解市場供求

雖然兩英鎊的差價只是微利，但這代表了一個供求的問題：例如當時上映的是蜘蛛俠第 2 集，有些人就想回看第 1 集，因此需求便增加了。如此我就了解供求對盈利的影響 ——DVD 供應數量沒有改變，但是因為需求增加了，所以即使很久之前的電影 DVD，價錢也上升了。

那時我的 ebay 帳戶有約三百個評價，我得到四星以上的整體評級，雖然未達到高階賣家 (power seller) 級別，但是已經不錯了。

DVD 業務有沒有賺到錢？

我記得是沒有賺錢也沒有虧本。在我完成三年大學時，我獲得一箱免費的 DVD，沒一百也有八十張，成為我帶回香港的收藏品，所以最終算是賺到一箱 DVD。與其說這是一個生意，更多是一個經驗，對我來說是一個創業項目，賺到的錢不多，但我得到很多樂趣。

大學生賣水貨賺一倍

因爲在大學時間多也很自由，所以可以繼續創業。我在大學裏認識了一些同學，發現那時有很多香港人到英國旅遊，喜歡買 Burberry 圍巾，而且是最傳統的款式。這種圍巾在英國有很多，而且能夠以低價進貨，只要我們要付出幾萬元成本，就能以批發價拿到貨品。

我們都是學生，沒有很多資金。於是我們幾個同學每人拿出數千，湊了三、四萬，買了近一百條這種圍巾，成本價大約是每條港幣 $300-$400。

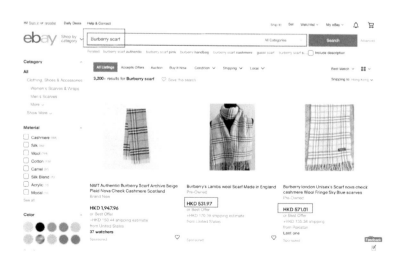

於是我們趁每年回香港一兩次，放在當時的 yahoo 拍賣網發售。我們不敢定價太高，只有約在每條港幣 $700-$800，用預訂的形式發售。也就是說我們以批發價買入前，已經有一批訂單了，這相等於以學生身份「走水貨」[1]，其實當時也有很多其他人在做類似的事情。

我們發現如果資金多些，大手買入，可以將批發價再壓低一些。這點當然很多人都知道，但是當時作爲沒經驗的學生，縱使我們知道這個原理，但不知道要買入多少，才可以壓低多少，這些都要通過親身討價還價才會學懂。

於是我們每次回香港會攜帶十條左右，賺取約一倍的價錢。即使最後沒有全數售出，剩下的貨品只佔一成左右。我們畢業後就停止經營了，沒有看待爲一個真正業務，只當是從中取得一些樂趣。

學生創業的條件

讀書時對創業產生興趣，現在繼續創業，我覺得是承傳了

之前的一些經驗。我的家庭只是普通打工族，沒有創業的經驗，但我有朋友創業，可能是受他們啟發。例如在高中時賣飯盒，最初不是我的提議，是另一位同學說時間太多，想找些事做。

有些人在讀書時已經有一些小創業，可能是受身邊的朋友影響，並且具備少許市場觸覺，然後知道自己有什麼資源可以利用，這就促成了我讀書時創業的經歷。

如果你身邊出現這種創業的種子，用興趣或作樂為目的，即使只是短暫的經歷，但重要的是這種小樂趣很早已經在心中紮根，你便會發現自己喜歡這種經歷。

1「走水貨」—— 指於外地採購少量貨品，帶到乙地販售。

賺錢的點子
比你想像中的多

02

創業必須的心態及性格培養

工作中尋找創業機會

創業必須的心態及性格培養 ——
工作中尋找創業機會

我並不是一開始就創業，我也做過上班族。

經濟低迷時，打工待遇很差

當我在 2003 年留學完畢返回香港，SARS 疫情已經完結了，但經濟市場氣氛仍然很差，所以薪水很低。2022 年此刻資訊科技缺乏人才，所以一個剛畢業的大學生薪水至少可達二萬港元，更優秀畢業生，待遇更優厚。 但回想 2003 當年，剛畢業時一般大學生薪金只有 $6500 港元，我從外國畢業回來，薪水稍多 $500，有 $7000。

這樣一算，我用了上百萬港元在外國讀了 3 年書，只比本地生多賺 $500，豈不是要工作 40 年才能賺回學費？

但我當時大學剛畢業，不能沒工作，無論如何也要上班賺錢和賺取工作經驗。

性格不適合做打工仔

　　我的第一份工作，是在一家專門替美容院製作軟件的公司任職程式開發人員 (developer)。其他程式人員一般喜歡沉浸在自我或安靜的環境裏寫程式，但我很喜歡說話，所以相比其他同事，我顯得很奇怪，因為我常常想聊天，但其他同事卻很專注於工作，所以他們很少理會我，我發現這種環境並不適合我。

　　當時的老闆是會計背景，我覺得他很厲害，會計出身可以創立一間公司，有一批顧客，還能聘用十多個程式人員。雖然當時成本低，但賣出的程式價錢也不可能很高，這都是相輔相成的—— 但我還是覺得他很厲害。當時我們這些程式人員的工作是增加程式功能，或是錯誤修正 (bug fixing)。

　　當時相對其他同事，我處理工作的模式很不同：例如系統顯示故障訊息 (error message)，需要我們解決問題，真正解決問題可能花上數天，而我就會去看那個故障的嚴重性，是否會令系統無法使用 ； 還是一些非常細微的故障，即使出了故障訊息，但仍然能夠正常運作，如果屬於後者我便不會花時間去解決，

反而是處理那個沒必要的故障訊息，把它隱藏起來。也不知道為什麼，我在第一份工作就已經懂得做這種取巧的行為。

因此我一天可以解決一個或更多的錯誤 (bug)，因為有些錯誤無關痛癢，我只是把故障訊息隱藏。

於是老闆覺得我很能幹，其他同事用幾天時間才能解決一個問題，我一天可以解決兩個。我辭職的時候，老闆還挽留我，其他很有能力的同事，要麼被辭退，要麼任由他們走。

沒有出色的領袖，不如早點離去吧

我認為因為老闆不是程式開發人員，根本不知道我們工作的質素，誰做得好，誰有能力，他都無法判斷。所以我覺得自己不適合當他的下屬，因為他不能真正引導我成長。

因為我一天可以解決很多問題，剩餘的時間我便利用來研究電腦知識。

如何利用低成本創業？

寫程式的人應該知道 script，其實就是一些程式，給不同程式語言 (programming language) 使用。很多人會寫不同的程式，然後放在網路上讓人購買，相等於圖像裏面的素材。

例如圖中這個網站，出售很多 script，這些 script 分別有很多種不同的程式語言 (programming language)、也有讓人在 WordPress、網店使用，或者是關於遊戲的等等。

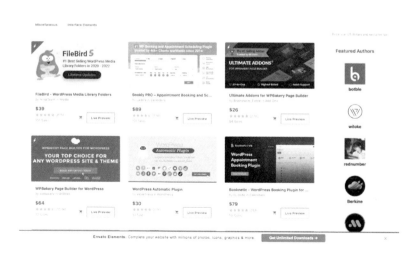

　　那時我喜歡找一些價值幾十元美金，已經寫好的 script，有我想做到類似的功能，我就會買下，做一些設定。設定並不難做，有個網站做寄存 (hosting) 就可以，當然也牽涉少許技術性的東西。

　　然後我就想是否能發佈一個工具、一些功能到市場去出售。當時我不斷尋找，但也只是在建立基礎，沒有實際做出什麼，而是熟習了這個找適合的 script，做設定到可以使用的過程，因為我之後有一些項目，也是利用這個過程完成的，而且某些還有很不錯的成果。

　　最後我向第一位老闆遞了辭職信。

在工作中找不到貢獻，不如早早離去

　　我人生中的第二份全職工作，是一個很大的程式支援 (software support) 公司，做的是人力資源 (human resources) 系統，在香港和中國都會使用。

　　但我上班不久後也離職了。這份工作不用寫程式，說話機會

多了，人也比較開心，但是我覺得我不是沒有貢獻，而是工作缺乏創造性 —— 每天面對相同的東西，用戶有什麼疑難，就教他按哪個鍵，不太需要用腦。

這就看個人的性格了。有些人很享受這樣的工作，因為不太用腦、沒壓力，又舒服又可以賺錢。

創業是性格使然

可是我想用腦，所以找其他事做。想起第一份工的老闆，能聘請十多人很厲害，當然寫系統需要幾個月時間。我想起舊公司系統是給美容業用的，但不適合髮型屋使用。美容院和髮型屋業務似乎很接近，但其中的邏輯卻不同。

我開始在網路上搜尋和研究，尋找髮型屋的軟件。後來發現幾套軟件，然後做了篩選，之後我給軟件公司發了代理的查詢。

後來我最期待的其中一間軟件公司回覆了我，我非常興奮，那是一家澳洲公司，但故事很長，留待下章再告訴大家。

賺錢的點子
比你想像中的多

50

03

第一次代理軟件就上手？

高洽談成功率秘訣

第一次代理軟件就上手？
高洽談成功率秘訣

　　上一章提及一個我希望代理的澳洲軟件。 我當時找了幾家軟件公司洽談代理，後來有兩、三間回覆我，這是我最期待的一間。我成功取得代理權後才發現，這公司是髮型屋界別全世界排名第一。我渴望成為公司軟件代理的原因，是它的介面對用家較友善，在下圖大家可以看到這個軟件的界面，看起來很像觸屏，當我真正成為代理後，也覺得它很方便易用。

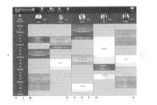

以前和現今的軟件很不同。現時很多軟件例如 wix、shoptify、香港的 shopline/boutir 都是 SaaS 模式 [1]，但我剛畢業的 2003 年，到工作時的 2004 年時並不是這樣的，當時仍然是需要安裝到微軟視窗 (Microsoft windows)，直至今時今日這個澳洲軟件仍然需要安裝，不是 SaaS 模式，但就加入了很多 SaaS 的元素。

當年這個髮型屋軟件世界排名第一，現在可能不一定，因爲如果其他類似軟件是走 SaaS 模式招徠客戶，就不需要安排人員介紹和安裝軟件，在網路開帳戶即可使用，吸納客戶效率更快。

我聯絡了很多設計髮型屋管理系統的公司，也得到幾個回覆，其中我最喜歡這家。這間公司回覆我，要求提交業務計劃書，因爲我學的是電腦科學 (computer science)，不太知道怎樣做計劃書。當時我使用 Microsoft Word，內裏有很多不同的模板，其中有些模板跟商業合作有關。我參照其中一些框架，例如引言、市場調查、財務預測、執行計畫，然後根據這些大標題，把資料塞進去。

市場調查方面，既然要在香港代理，計劃書中應該要有數據顯示你很熟悉這個領域，例如香港髮型屋的數量。於是我去政府統計處，查看了香港人口分佈：港島區約 200 萬、九龍區約 200 萬、 新界區約 300 萬，然後再看分區，例如旺角的人口。

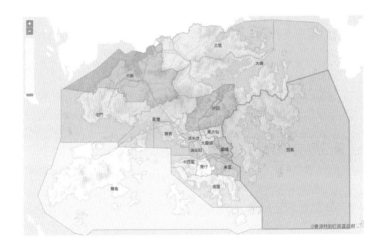

然後我花了兩天時間，去了旺角，選了某個路段，盡可能的數髮型屋，例如旺角有五萬人，有 500 間髮型屋，我就用這個數字推算全港大約有 6000-8000 間髮型屋。即使每區人口不同，我也會用這方法估算，因爲他們在澳洲，不會比我知道得多，所以我的估算已經相對接近了。

　　放進了這些數據之後，我也寫了一些未來要進軍大陸市場的想法，這在當年會是比較吃香的概念。其實我並沒有這方面的知識，純粹憑空想像，說第幾年計劃要接觸多少間髮型屋，要得到多少市場份額等等，讓對方覺得我很有計劃和願景。提案有大約有十頁，有數據、有計劃，還說要投放多少廣告，當時我也沒有投放廣告的經驗，但知道坊間有關於髮型的雜誌，我就寫進去。因爲這個軟件是專爲髮型屋行業設計，所以我也是找專爲小衆髮型屋市場而設的雜誌。

自編自導自演戲碼，奪取代理權

　　收到我的計劃書後，澳洲公司覺得我分析得很仔細、認眞、

有誠意，決定找人來港跟我洽談，因此我要找地方跟他們會面。那份計劃書是我在第二份工作離職前幾天寫的，然後澳洲公司派人員星期六來探訪我，了解詳情。由於那時候星期六的上半晝仍需要上班，所以我還是請了半天假，借用了我哥哥在旺角約二百呎的小工作室接待他們。當時我哥哥租工作室來進行一些技術性的研發，還有兩個月租期，工作室他一個人使用，所以只有一桌一椅、一個電話，沒有其他設備了。

　　澳洲公司的人星期六來開會，我在星期五晚下班後，到旺角售賣二手物品的公司找了幾張桌子、椅子、還有幾個打不通的電話，把小工作室陳設成為一個正式的辦公室。

我情商了幾位朋友替我做一小時的演員。朋友們假裝在上班，有兩個朋友演著在會議桌上開會。我當時還叫一位朋友打電話來跟另一位朋友假裝談公事，整件事就像一個戲棚，我是自編自導自演的那個，現在回頭看，我也不知道哪裏來的勇氣和創意，可能因為當時我也沒有什麼其他選擇，只是覺得取得代理權是勢在必行，所以會「不擇手段」。

　　澳洲人來了，我覺得他前一晚可能喝了酒，頭腦不是很清醒。他告訴我，當時全世界已經有 25 個國家有公司代理這個軟件，在兩三年前本來有另一家香港公司代理，但後來那間代理公司消失了，不知是因為價錢昂貴還是缺乏支援。全港有十多間髮型屋仍然使用這軟件，於是這些現有客戶，處於極度不滿的狀態。澳洲人問我能否接手處理，我覺得已經有十多個現成客戶還不錯。當時可能澳洲公司覺得我要接手燙手山芋，所以給了一個全球第二低的代理價，成本只比沙地阿拉伯高少許，而且不用預先墊支買下軟件。有些軟件需要代理商承諾一個銷售額，因為怕代理商取得代理後沒有銷售 —— 因為通常簽約都是獨家代理，如果代理商不銷售也不能找另一家公司。澳洲軟件沒有要

我承諾能賣出多少套軟件，可能考慮到我要幫助他們處理現有憤怒的客戶，所以也不想為難我，只想協助我重新啟動市場，就給我一個很優惠的價錢，到最後也一直沒加過價。

跟澳洲人談完，我就找來一位一起做過美容院系統的同事做合夥人，到目前我們仍是工作夥伴。這位合夥人是純科技人，說話不多，不喜歡聯絡客戶，只會專注技術方面。取得代理權之後，我和這位合夥人只有兩個月時間，因為我哥哥的工作室只剩下兩個月租期，我們要利用這兩個月找客戶，如果找到客戶，有收入就可以續租。但因為合夥人是一位純科技人，找客戶傾談方面他沒辦法做，也逼不了，於是找客戶的任務就落在我一個人身上。我喜歡傾談，所以也無所謂。

不斷試錯中找到客人

我找了一本黃頁。現在的年輕人可能不知道什麼是黃頁。黃頁會把香港所有的公司分類，印製成書本派發，就是一本大電話簿，內容會加插廣告，每年派發。

　　我當時翻這本黃頁，髮型屋和美容院合共有六千多個電話，於是我計劃用一個半月的時間聯絡這些髮型屋和美容院，大約一天要打約 200 通電話。

　　我依照黃頁電話，聯絡每間髮型屋和美容院，我的合夥人每天看我忙著打電話。最初我準備了簡短講稿，介紹我自己，然後希望對方可以找老闆來跟我談，但經常被拒絕，也有直接掛電話的，甚至用髒話罵我之後掛電話，做過陌生開發 (cold call) 的人會明白箇中苦處。髮型屋的接待員多數比較暴躁，可能因為電話也是用來接生意。我已經嘗試不直接打很相似的電話號碼，但有些公司有幾個差別很大的電話號碼，例如：一個電話號碼

是 12345678，而另一個電話號碼是 87654321，兩個號碼差距很大，不像同一間髮型屋的號碼，結果還是會打電話到同一間公司被人罵。

過程中我不斷試錯，從中想辦法說服他們，跨過第一層的人，找到「話事人」（決策者）。

結果我轉換成另一種方式：當他們拿起電話時，我第一句就粗聲粗氣的說：「我要找你老闆」。

聽電話的多數被我嚇到，怕多問一句就會被我罵，或不知是否老闆欠債之類。於是，我有八成機會找到決策者。當然老闆一聽電話，我便會很禮貌地介紹自己：「你好，我是 Ivan，有一個很多髮型屋使用的軟件想介紹给你，只需佔用你 5 分鐘的時間」。

根據我的經驗，美容院的接線員比較有禮貌，會叫我留下聯絡方法。無論如何，只要有方法可以接觸到負責人就可以了。我記得一百個電話裏，通常有約十個叫我郵寄資料，當時還是會用實物郵寄，並不是用電郵。雖然比較麻煩，但郵寄也有好處 —— 起碼這些公司會願意給我地址，因為黃頁主要是一本電話名錄，地址並不齊全。

高洽談成功率的秘訣

願意和我見面洽談的公司，成功率都偏高，通常每五個，就有一個成功。見面洽談的時候，少不免要穿西裝扮成熟，要盡量為自己加印象分，還要印名片。

關於名片，有一件事情要提醒大家： 我經常看到初創公司的年輕人給自己冠上 CEO 頭銜，公司地址用中環甲級寫字樓的虛擬辦公室，這對髮型屋是行不通的，他們會說小小髮型師，怎麼跟 CEO 對口、你們公司的產品一定很貴等等。髮型師要哄客人，口才很了得，你會被他們不留情面地嘲諷。

我去見面的身份只會用助理客戶經理 (assistant account manager)、高級銷售員 (senior sales)，不會用總監、CEO，也不用 IFC 虛擬辦公室。你要知道別人眼中，你只是個年青人，他們覺得旺角髮型屋的髮型師跟黃金地段的 CEO 可以談什麼生意？所以我會以一個比較對等的身份跟他們談。

就這樣我平均跟每五間公司接洽，就有一個成功。第一宗成功的生意，意外地不是髮型屋，而是一間美容院，那位負責人

長得像一個混血兒，挺有趣，說喜歡我們，可能他對澳洲軟件有些偏愛。

一開始我對軟件的定價並沒有什麼概念。定價方法就是例如軟件成本是五千元，我就定價一萬五，賺取一萬和每年的支援費和雜費。定價後也要看市場反應，有些我談高些，有些談低些，有些就用定價。第一宗成功的客戶，就是用我的定價再給予少許折扣。

後來這個客戶問我公司有沒有 100 個員工，這個問題令我內心澎湃，原來我搭建出來的格局，會讓人覺得我們是很有規模的公司。客戶知道我代理的軟件是從外國來的，他們覺得如果外國有那麼多用戶，相信香港也有很多公司採用。再加上我整個流程，由銷售到售後服務，呈現出來的就像是一定規模的公司才能做到的，這種客戶體驗是很重要。

當有了第一個小成功，我們還特地去文具店買有凹凸手感的紙張印合同，很正式地跟客戶簽約。現在回想，這只是一些幼嫩無聊的行為，根本用普通一張 A4 紙張簽約已經可以。當時我們還煞有介事地拿著合同，興奮地拍照留念。我覺得創業的時

候，第一個小成功應該要有儀式感，需要慶祝享受那一刻，這個感覺將會刻進腦海，以後若果得到每位客戶都這樣做，就會成為一個很大的動力，而且你會很享受整個過程，一種不斷追求成功的幸福感。

簽到合同之後，我的合夥人就開始要工作了。他由最初乾坐著看我一天打 200 個電話，到之後已經沒時間看我打電話了，因為他有客戶要跟進、要準備系統的東西、做培訓、系統支援。那時我就覺得公司已上軌道，開始回本，要考慮聘請員工和投放廣告等事情了。

代理軟件的獲利模式

當我的客戶越來越多，雖然合夥人能夠獨力應付很多技術性工作，但他的工作時間已被塞滿，就算我找到新客戶也應付不來。由於比較花時間的是培訓工作，所以我也幫忙做一些培訓，因此對行業非常熟悉，甚至知道一些人力方面的行情和行內八卦。雖然我們的市場份額算是最大的，但其實會用軟件的髮型

屋和美容院數量其實不是太多，不到行業的 10%。整個行業有六千多間公司，用我們的軟件不足六百間，但因爲我們的團隊不大，所以有足夠利潤維持。我們的客源很廣泛，剪髮收費從幾十至幾千元都有。如果分店多的公司，需要多安裝幾套軟件，收費便會貴些。

　　現時代理軟件行業已經有很大變化。以前軟件是需要安裝到電腦上，所以軟件公司很依賴我們做支援，也因此他們會讓我們多賺些利潤。現在都是 SaaS model，人們可以在網路上自學，連培訓都可以不用，所以現時代理軟件行業已經變成聯盟行銷 (referral marketing) 的形式，例如一個朋友要用某個軟件或網站代管 (web hosting) 公司，你給他一個連結，他通過這個連結註冊，就會被視爲你轉介的客人，每個月這間公司便會和你分拆那個客戶的付費，給你一個百分比的數額。

1 SaaS 軟體即服務 —— 使用者可透過網際網路連接到雲端式應用程式並加以使用。

04

氣球 Wifi

不考慮資源就創業，可以嗎？

氣球 Wifi ——

不考慮資源就創業，可以嗎？

我曾經有過一個創業經驗，跟我之後的那些創業模式很不同。

我的一般創業模式，是首先檢視一下自己有什麼資源，然後看看怎樣實行可以獲得最大效益，同時也會研究客戶市場分佈。而這次很不同，是在完全不考慮資源的情況下，去嘗試的一個項目。

這個項目並不是我的構思，而是受到當時看到的一則歐洲新聞所啟發。我們香港雖然是彈丸之地，但要鋪設光纖網絡也很費時。而且有些地區，例如離島和較偏僻的地方很難鋪設。外國面積和地形更大更複雜，要鋪設線路就更困難。

當時歐洲有一家公司把一個氣球投放到半空中，氣球上有一條線路連接地面，情況就像你家的路由器 (router) 變成了一個氣球，連接路由器的的網線可以接駁上網，利用在天空的氣

球接觸面較廣闊的原理，提供 wifi 服務給更多用戶，這個方法好處是不需要花太多時間去鋪設地下線路。

天馬行空的創業念頭

　　當時我認爲這個概念很好，例如在大嶼山投放一、兩個氣球上天空，就可以覆蓋那個地區。於是我聯繫這間公司，表示想跟他們合作，把這個方案引入香港。他們的 CEO 打電話給我，說可以合作，但啓動價錢需要上百萬英鎊，而且他們是用 KPMG 這一類 Big-4 會計公司來調整價格、處理稅務和各種財務事務。

當時剛畢業的我可說是初生之犢，不清楚怎樣和 Big-4 會計公司合作，也沒有考慮資源方面的問題，就跑去聯繫人家，對方覺得有興趣，我也覺得有機會實行；直至他向我解釋，這是一個很大的氫氣球，在天空上有機會受天氣的影響 —— 然而，我們最需要上網的時候，卻是颱風天留在家中的時間，但這個大氣球在颱風時是需要拿下來的，否則有機會被吹走或損毀，我就意識到了它的限制。不過無論有沒有這個限制，當時的我也沒有幾百萬英鎊，更不用說之後的推廣等等，這個項目其實是一籌莫展的，純粹是我的創業路上，不考慮資源之下曾經出現過天馬行空、虛無飄渺的念頭。

若是現在，我已經有相當的創業經驗，也沒有颱風時需要取下氫氣球的問題，我大概會以完全不同的模式去進行：我可能會尋找投資者；也可以找網絡供應商，因為他們可能不想在某些地區花太多時間去鋪設光纖網絡，就會把氣球投放在那些地區的天空，而我就作為一個代理商，或問題解決者，以不同角色提供這個服務。

但這項目發生在 2003-2004 年間，距離現時已經 20 年了。

近期我再翻看這個項目，那公司不知道是否把這個概念或是整間公司賣給了 Google。我看見 Google 曾經嘗試這個項目，但最後也因各種原因終止了。這就是我一個比較特別的創業嘗試。

賺錢的點子
比你想像中的多

05

求職網站創業

如何用廣告和客戶數據，
　　　　　讓錢滾進來

求職網站創業 ——
如何用廣告和客戶數據，讓錢滾進來

無心插柳，竟然買了知名求職網站域名？

　　當我們代理軟件生意的客戶越來越多，我的同事越來越忙的時候，我反而變得越來越空閒了。我是閒不住的，一閒下來我便萌生很多主意，或者想嘗試各類項目。以前要上班，不能明目張膽去做，自己開公司，多想多做，收入也會多些。從 2004 年開始，我便嘗試過很多不同的東西，最高峰是 2008 至 2010 年這兩三年間，我開發了幾十個網站。

　　那段時間我曾經登記了一個網站域名 (domain): jobfinder. com.hk，登記後的第二天，竟然馬上有人打電話來，說要買我這個域名。

　　我驚訝地想：「原來在香港賣域名這麼好賺，早知不賣軟件了！」

　　當他問我價錢時，我完全沒有概念，純粹覺得那個名字好

玩，於是我隨口說：「三萬八」，他居然說回去跟公司談一下。我心想：「竟然沒有被一口拒絕，還真會回去討論。」。

一星期後他再打電話來，表示跟公司談過了，覺得三萬八千很貴，問可否便宜些。我就說二萬八千，然後他說公司的預算只有五、六千元。原來這個域名以前是他們 —— 壹傳媒集團的青雲路，我才知道那時青雲路的英文名是 jobfinder Limited。但他們可能業務太多，無暇顧及招聘廣告部分，荒廢了兩年。碰巧我登記時，他們又想重啟這個項目，所以找上我。可是中間轉名、雜項花費要一千元，如果只能以五、六千元賣出，最後只賺得四、五千，但又要花時間做一堆手續，我覺得對方出手太低，所以沒有賣出。

在第二章提及我喜歡找程式 (script)，既然域名不賣了，我就找了程式做求職網站。

2004 年是高峰期，我剛剛登記了這個域名，設置好程式。
從圖片可見我懶惰到連原裝的外國圖片和字句都沒有改動。
這種古物是用 PHP[1] 寫的，我有電腦科學的背景，知道要怎麼
改動。

　　修改以後我推出這個網站，很快便有很多公司放上他們的
招聘廣告，一天有約五千人瀏覽這個網站，但這個網站其實十分
簡陋。

當時我剛剛接觸 SEO[2] ，還沒有正式研究，我是從做這些網站開始才慢慢鑽研。當時一天約有五千人的流量，我並不知道這和反向連結[3]有關。本來的青雲路是一個建設得相當完善的網站，連香港政府的勞工處也會給它反向連結，所以網站的可信度相當高，而且在 Google 也很容易搜尋到。因爲除了勞工處，還有很多其他網站上都有這網站的連結，引來了很多招聘廣告，造就了網站一天五千的流量。

如何從流量變現

這個網站一發佈已經有一天五千的流量，你可以想像一直閒置是多麼浪費。當時市場有 jobsdb（另一個招聘網站），已經很具規模，當年刊登一個招聘廣告要 $600，現在好像要 $800。香港還有「招職」和 "Recruit"另外兩個招聘網站，都有一本雜誌在背後支持，而 jobsdb 只是單純一個網站。

我擁有的求職網站，一來不知道要怎麼收費，二來建立這個網站很簡單，伺服器也在我公司，成本也不高，我就決定不收費，任由各公司自己登記和刊登招聘廣告，所以在很短時間已經

有過千公司登記和刊登招聘廣告。我完全沒投放時間和人力資源在這個網站，因此會出現一間公司重複刊登多個相同的招聘廣告的情況，而我也不會去處理。

　　由於有眾多工作廣告，拿到很多流量，不少尋找工作的人也會登記資料，於是網站蒐集了很多求職者的履歷，同時需要招聘的公司也會拿到這些履歷。經營這種平台，通常有一個痛點，就是如何令供求平穩上升，但我這個平台供求雙方都同時急速增長。當年的私隱意識沒現在這麼高漲，履歷裏要求的所有個人資料，求職人士都會如實全部填進去。

　　這個網站最大的問題是流量很多，但是沒有收入。我不知道如何收費之餘，也不想貿然提出收費，怕把刊登招聘廣告的公司都嚇跑了，沒有求職者來看，整個網站就完了。但那麼多流量，我總要有收入去維持，於是我在網頁 banner 的位置開始放置廣告，例如 Google 的廣告 (Adsense)。有些公司也會來投放廣告，廣告出現的次數越多，我的收入越多。因為求職的人會翻看很多頁，所以當時收入也有一萬幾千。以當時在旺角，二百呎的空間，租金約 $5000，萬多元算是相當多了，那時平均大學

畢業生薪金還不到一萬，這求職網站就像從天上掉下一隻生金蛋的母雞。

除了這些網站 banner 廣告之外，因為蒐集了很多履歷裏有電郵地址，所以我們也做了電郵行銷 (email marketing)。當時有些公司，例如安信，已經常在網路上用別人的數據庫發放訊息。這些公司知道我們有很大的數據庫，就會付費給我們發送訊息到收集到的電郵地址，一個電郵地址 $0.5。當時我們數據庫有二萬多個電郵，如果全部發送就有萬多元 ； 如果再仔細分類，例如性別、年齡、收入，一個電郵地址可以 $1 發送。

由於上載履歷的人想找工作，他們也會有意欲進修，結果有一些教育機構想要我的數據庫發 EDM（行銷電郵）。廣告費用並不穩定，但如果一個月有一個行銷電郵，整個網站收入可達二、三萬，我覺得相當不錯。

但這個收入後來持續下跌，因為發出行銷電郵越多，越多人會覺得煩厭而取消訂閱。而且這個網站相當簡陋，人們慢慢發現這不是原來的青雲路。有些人會打電話來，要求在青雲路刊登招聘廣告，我們都會老實地告訴他們，我們不是青雲路，如果

要刊登在青雲路雜誌，要去聯絡他們。慢慢越來越多人知道，網站不是青雲路，而青雲路亦已註冊了另一個域名。直到那時，我們仍然沒有向公司用戶收取招聘廣告費用。

直至大約四、五年後，EDM 和廣告費持續下跌，但履歷增加到五萬多，登記公司達到四千多間，我們決定向招聘的公司收費。收費後廣告和 EDM 都減少了，招聘廣告數量也下跌，整體收入由最高峰的每月二、三萬，下跌到後來的一萬多，招聘廣告的收費讓我們也有兩萬的收入，但始終招聘廣告數量減少，找工作的人也相應減少。

由於網站仍然相當簡陋，所以沒有大公司來刊登招聘廣告。我們曾經做過一些改版，最終靠著招聘廣告，每月收入也有一萬多。

後來有一個在大學做 startup 的人對我們的網站有興趣，我們就把這個網站賣給他，我記得沒有賣到六位數。

那時我手上同時有其他項目，也沒有多餘精力投放在這個網站，於是我就決定退場。

這算是一個成功的例子：過程中我獲得一些收入，最後退場，把公司轉讓給別人。

PHP [1] —— Hypertext processor ，是一種開源的通用電腦手稿語言 ，尤其適用於網路開發。

SEO [2] —— 搜尋引擎優化 (Search Engine Optimization)，是一種讓網站的搜尋排名變好的技術，能夠提升網站的能見度與流量。

反向連結 [3] (Backlink) —— 就是指從其他網站獲取連結，連結回你的網站。

賺錢的點子
比你想像中的多

06

內容網站創業

初嘗 SEO 帶來
流量變現的甜頭

內容網站創業 ──

初嘗 SEO 帶來流量變現的甜頭

上一章講述了我建立、營運和賣出求職網站 jobfinder 的經歷，同時發掘了廣告和 EDM 這些增加收入的新方法。其實當中也依靠了一點運氣，讓我取得一個高流量的網站作爲資源。

創業要成功，首先要對課題有興趣，而我一直都對網路有興趣，招聘網站只是其中一個範疇　；再來就是需要有資源，既然我得到了一個有名氣的網站，就要盡快開始利用，不能拖下去，因爲很難得有一個平台，供求都同時高速增長。

我是 IT 人，喜歡看外國關於科技的新資訊，就創立了一個網站 "Technow"。

同時亦創立了另一個關於美容的網站 "Beautytalk"。

這兩個網站算是比較成功的，直到今天仍在，但我自己已撒手，把它們分別賣給兩間公司。目前兩個網站仍在運作，它們的結構大致相同，跟我以前創立的時候也差不多。

怎樣建構內容網站

我在 2004-2005 年開始創立這兩個網站，當時的 SEO 規則和現時不同。現時我們知道 Google 是不會顯示相同的內容，但那時並不是。當年很流行 RSS 制式，給人們訂閱不同網站的內容。

假設你有一個 RSS reader，然後訂閱十個不同的網站內容，你就可以在同一畫面看到摘要，然後點進網站。只要有網站，就可以做 RSS，RSS 底部有內容來源的連結，點連結就可以進入內容提供者的網站，是一個合法的途徑，好處是你不用請求那個網站同意。

但我仍然有徵詢這些網站同意，因為我覺得這些內容是會公開地在我的網站上展示。我會向站長介紹我的網站會如何分

類和顯示內容，他們也很樂意，因為我的網站會為他們的網站引導流量，讓更多人看到。當時我找了大約 20 個有關科技的內容創作者，台灣有很多猛人如 Mr. 6，當時還沒像今天那麼出名，也在我邀請之列。

我就建設了這樣的一個網站，每次拿到新內容，我就分類放在網站，另外亦在網站上分享一些我學到的 SEO 的知識和小技巧。

以前 Google 沒有限制重複內容，假設你搜索「 美味的餐廳 」，搜尋後的第一到第十個結果，當中可能有六篇一樣的內容，可以想像到用戶體驗有多差。這些 Google 當然是知道的，所以它亦改善搜尋器，逐漸不再顯示重複的內容，盡量把內容農場的內容和取巧的內容摒除。以前要經營 SEO 很容易，只要把網站內容重要的關鍵字放在網站最低位置，把字的顏色調到和背景顏色一樣，讓它融入背景內不易被人察覺（俗稱「白底白字」），這堆隱藏的關鍵字就會讓 Google 覺得內容是相關的。

當時有些網站內容是關於新出的 Nokia 手機，就像現在 iphone 發佈新手機那麼矚目，而我們的網站竟然能跟 Nokia

官方網站爭奪排在 Google 首位，我覺得很過癮，激發了我對 SEO 產生很大的興趣。試想一下，如果我賣 Nokia 手機，能排在 Nokia 官方網站之上，豈不是賣得比他們好！雖然我沒有渠道成為他們的代理商，但我有能力研究 SEO 排名的技術。同一時間我也在經營美容網，內裏有很多不同的美容品牌，同樣如果在 Google 上輸入關鍵字，都會看到我們網站排在前幾名。

　　從那時候開始我就研究怎樣建立網站，發現 WordPress[1] 很方便，可以顯示很多內容，亦可以在其他網站抓取內容。當時還沒有限制重複內容，但現在若要發佈同一內容，需要作出一些修改才可以再重複發佈。因為 WordPress 對 SEO 很有利，所以我也研究和 SEO 相關的配套，這對我後來建立的幾十個網站，和現在的培訓和顧問工作很有裨益，我的 SEO 知識就是從這個時期開始訓練出來的。

內容網站的獲利模式

　　Technow 網站流量開始增加，每月流量約有一萬多，說多

也不是特別多，因爲我沒有找編輯或記者幫忙經營，純粹是建立了這個網站，找內容貼上。我最喜歡自動化，可以減省人手，因爲那時我們沒有很多人力，也沒有錢聘請員工。

Technow 在 Google Adsense 廣告方面有些收入，一個月大約幾百元，不太多，足夠支付伺服器再加兩頓飯的水平；另一個 beautytalk 就略高，最高峰每月有兩萬多流量，月收入有千多元。後來我們也引入其他廣告平台，多增加了幾百元收入，人流相對多，但收入數目不多，而且沒有人登記成爲會員。後來我改成可以訂閱電子報，希望好像求職網那樣，利用 EDM 收廣告費。求職網很快就達到二萬人，但這兩個網站最多只有幾百人登記，很多人不想收到電郵，不像求職網那樣，大家都很願意收到新招聘廣告。

因此我發現了不同性質的網站，用戶的取態會很不同。由於收到的電郵很少，做不到 EDM，只能靠顯示廣告賺取收入，所以這兩個網站雖然沒有虧本，但也賺不到什麼錢，可是它卻又自動化，所以是一種雞肋。

最後在 2018 年，有一個發新聞稿的機構對 Technow 有興趣，這種機構經常購入網站，看中了我這個網站已經運作十多年，可信性相對高，最後我以五位數字賣了給他們。過程中我賺過廣告費，最後賣出獲得五位數字，也就算很不錯了，反正我也沒時間照顧太多網站。

至於另一個網站 Beautytalk，同樣在營運過程中我賺取了廣告費，最後以比 Technow 稍高的五位數字賣給一個做美容行業的社交媒體公司。Beautytalk 在 SEO 排名方面也已經做好，域名的可信性也較高。

這兩個網站在香港內容網站中算是比較成功的案例。

WordPress[1] ──是一個網頁製作平台 / 網站管理系統

07

殯儀網站創業

如何透過經營小眾網站，
賺到六位數字

殯儀網站創業 ——
如何透過經營小眾網站，賺到六位數字

在創業過程中，我建立過很多網站，但一些太小型，或我覺得沒有什麼分享價值的，就省略不提了。

我建立過其中一個比較特別的網站叫「byebye 網」——顧名思義就是道別的殯儀網站。

大約在 2010 至 2011 年，我要建立很多網站測試 SEO，很多主流題目如科技、美容那些，市場已經氾濫，所以我不斷尋找另類的議題。我選擇做殯儀網，因為這是很小眾的題目，當年關於殯儀或辦理身後事的資訊平台一個都沒有，我就是唯一一個。

我覺得殯儀網站有很大的潛力，並不是因為流量，而是因為它是一個非常小眾和不透明的行業。我們購買其他服務或產品時經常會討價還價，但這個行業不會有人議價，所以價錢相當浮動，非常不透明，因此我決定做這個課題。當時我學習行業的知識，知道有不同的牌照，例如 A 牌是殯儀館、B 牌可以擺放遺體，還有 C 牌 D 牌等不同的牌照。

我建立了一個類似 Openrice[1] 的網站，但我知道有些從事殯儀行業的人有一定江湖背景，所以我不敢設置評論的部份，只用名錄模式建立。做網站時我要搜集資料，但在網路極難搜尋，資料分佈非常鬆散。時值暑假期間，我就請了一名暑期工陪我走遍了全港的殯儀商店，向他們查詢各種服務，然後將所有資訊和價錢整合在一個網站，將這個行業資訊透明化，方便大家使用，再配合我一直研究的 SEO 的方法去增加流量。

兩三個月之後，網站的流量一個月達五千。可能對於一個普通網站，五千的月流量沒有什麼特別之處，但這麼專門的殯儀行業，有這個流量相當不錯了。人們平白無事不會去看這些資訊，一般是家屬親友有需要才會看，是非常有針對性的，哪怕只

有 0.1% 瀏覽者成為客戶，五千的的流量帶來有五個客人，身後事服務動輒幾萬到十幾萬來算，數目也不少。

所以當時我覺得可以用這種模式經營，而的確那時市場也沒有這種網站，反而當年香港會議展覽中心有一個展覽叫銀髮展，連帶殯儀展。由於除了我們，沒有其他媒體做這課題，於是我們是唯一得到媒體支持的網站，獲得一個免費的展銷攤位，讓我們去採訪其他公司攤位，查詢他們提供的服務。亦有一些非殯儀媒體訪問我們，因為市場沒有這方面的資訊。

殯儀網站怎樣獲利？

由於廣告數目不多，盈利能力不強，我還聘請了一個暑期工，所以在投資角度來說是沒賺錢，還蝕錢了。

後來網站流量慢慢增加，但也沒有達到數萬，老實說香港那麼小的市場，永遠也不可能得到這樣的流量，單靠 banner 廣告或 Google Adsense 廣告很難賺到錢。於是我有了做轉介服務的念頭，就是人們來網站會看到很多不同的商店提供服務或

產品，我可以提供中介服務，替他們轉介。

　　我開始找不同業者商討。有趣的是，商談中有一間持 A 牌的殯儀館表示想買我們的網站，原因是有很多人想入行，但沒有途徑可以吸納新人入行，於是該殯儀館想開辦殯儀方面的培訓課程；亦因為我們的網站已經有不錯的流量，有機會為他們帶來更多生意，所以他們找我商談收購網站，買下網站主要是為了招收學生，和處理有關業務的查詢。

　　我們需要做的，就是把域名轉到這間殯儀公司名下，當中有幾百元的費用，然後把這個項目賣給他們。因為客人沒有 IT 資源，所以要求我們提供網站寄存和維修服務。當時賣出價有六位數字，而在香港，這方面的買賣價錢不會很高。

　　我最初的投資是一名暑期工的資薪，和建立網站的投入的工作心力和時間，成本不高，然後中途有些廣告收入，最後能夠以六位數字賣出，算是一個成功的例子，因為最後帳面收入是正數。

　　這個項目賣出之後，他們營運了兩三年，後來因為殯儀課程沒有再辦，我們也沒有繼續合作了。

這個網站特別之處是流量不高，又屬於小眾，但即使這樣，在這專門行業卻具很高價值，所以網站仍然能夠以不錯的價錢賣出。

Openrice[1] ——香港知名餐廳評論網站

08

名錄網站創業

用流量輕鬆賺小錢的
懶人創業法

名錄網站創業 ──
用流量輕鬆賺小錢的懶人創業法

我建立過不同的名錄網站，利用網路流量賺取廣告收入。

在 2008 年我建立了一個醫生名錄網站名叫 "Doctor List"，當時市場上也有其他兩三個醫生名錄網站，他們的流量都比較高。現時"Doctor List"已不在網路上了。

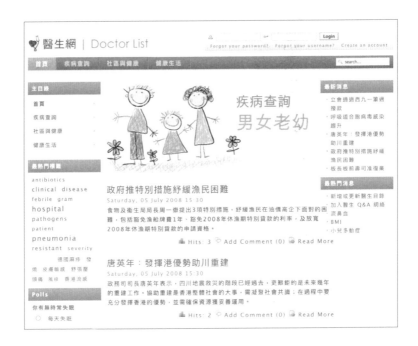

如何構建名錄網站？

那時我用幾套工具建立這個名錄網站，用得較多的是 WordPress，也有用 Joomla 和 Drupal。我用這個佈景主題 (theme) 是因爲比較整潔。那時的 WordPress 不像現時這麼多功能和方便，Joomla 反而提供較多會員功能，所以我用了 Joomla 做這個網站，而且那時不用照顧手機介面，人們找資訊主要還是在電腦上，所以可以看到這是一個比較傳統的網站，有會員數量、內容篇數等等資料。

我使用了別人的網站上的醫生名單作爲內容，其實這都是一些在政府網站上也會找到的公開資料。醫生名單有西醫、牙醫、中醫，爲了讓網站更完整，我加入了常見疾病的資料，但我怕資料不準確，所以在免責聲明中說明資料是來自維基百科。因爲當時還沒有重複內容不被搜尋器顯示的問題，所以用戶如果搜索同一資料，除了會顯示維基百科的內容，也有機會顯示我的網站內容，那是一個不錯的時期。目錄下還有一個社區與健康的資訊欄，用的是我使用 RSS 在政府新聞網拿來的資訊。

這個網站一個月有一萬多的流量，就算只單靠 Google adsense[1]，廣告收入也較高，達二、三千元，因為在醫療界別平台投放廣告會比較貴，有關房地產、借貸、醫療、金融保險的廣告都比較願意花錢，這也是當時決定做這個網站的其中一個考慮點。

我比較偏好名錄模式的業務的原因，是因為維護的工作量較低。之前在第五章提及的內容網站無論是 IT、美容、殯儀網站都需要經常更新內容，如果單憑用 RSS 抓進來的內容，現時對流量沒什麼幫助，因為 Google 不會在搜尋結果上顯示重複內容。如果想製作獨家的內容，市場上有一些 AI 工具可協助創作英文內容，但對於創作中文內容，暫時我仍然未能找到一個滿意的 AI 工具。做名錄網站優勝之處，就是比較少更新的需要，一般公司租了店面，通常不會一兩個月就消失，所以如果藉著流量，輕輕鬆鬆賺些小錢，名錄網站是個不錯的模式。

做名錄網站的要訣，是首先要建立一個平台展示出一個名單，目前我用 WordPress，你也可以用 Joomla 或其他工具。資料來源方面，香港政府的資料一線通網站[2] 有各類型數據，

由不同機構提供，我會按最熱門排序去看，例如搜尋地址、K1的學額、註冊電業工程人員。

例如你可以建立一個網站，告訴大家香港有多少註冊電業工程人員，或註冊電業承辦商。你可以整理一個名單，讓用戶去搜尋有關服務。有些人想找某個業者，但不知道那間公司是否領有牌照，人們通常會在 google 輸入「公司名字」和「有沒有牌照」，如果你的網站有顯示這些資料，也有關鍵字，你就可以拿到這些流量。

我如何透過車房平台賺廣告費？

半年前我做了一個車房的名錄網站，就是利用在資料一線通拿到的 csv(excel) 檔案直接構建的。我用 WordPress 做了一個很簡陋的網站叫「堅記車房平台」，某個年代的人應該知道這是一套電影裏出現過的車房名字。

堅記車房平台			主頁 Tips
香港車房平台			
排序 🔍	地區	電話	服務的車輛類型
宏信汽車	元朗	63388281	私家車, 輕型貨車, 電單車
旺鑫維修服務有限公司	元朗	24664188	私家車, 輕型貨車
宏迪國際(香港)有限公司	黃大仙	31000148	私家車
瑞龍綠驢有限公司	元朗	24338928	小巴, 巴士, 輕型貨車, 中型貨車, 重型貨車
吉豪工程公司	元朗	24889232	小巴
大眾汽車服務	油尖旺		私家車
偉高汽車服務有限公司	元朗	90889342	私家車
合勤汽車服務有限公司	觀塘	23448726	小巴
順意汽車公司	葵青	60552319	巴士

我在網站上每一頁放十間車房資料，總共有 164 頁，列出 1600 多間車房和相關服務的店鋪。這個網站主要用來賺取廣告費，經常會跳出廣告。從政府的檔案可以得到車房的名字、地

區、地址電話、車間類型、牌照到期日、服務車種，有些車房資料會包括提供服務的類型和營業時間。

現時這個網站的流量 95% 是靠 SEO。我的工序就是從政府網站下載了一個適用的資料庫，也沒有提供其他內容，例如車房的最新資料。如果我有額外添加內容當然更好，但我太懶惰，只是將那個資料庫的千多條紀錄放進網站，然後讓用戶輸入名字搜尋，我甚至沒有做地區篩選這些簡單分類功能。即使我懶到這程度，居然一個月也能有近 2000 的流量。從一年前觀察這個網站的流量數據，多個月都能超過 2000。

Google analytics 顯示的網站流量數據

　　這樣的名錄網站並不需頻繁更新。有時車房想看有沒有人說他們壞話，會搜尋自己，這樣就會進到我的網站，有時他們會給我補充資料或要求合作，但我通常都不予理會，因為我只想放著賺廣告費。

　　網站一個月已可以有一兩千 SEO 流量，雖然不多，但可作為一個起點。我這個網站賺廣告收入，可能不會很多，但夠支付伺服器費用。如果你認真經營，把網站做好些，設計一個商標、做個仔細分類的目錄、寫一些介紹車房的內容，就可以跟業者說你的網站已經有一定流量，如果搜尋他們公司的名字，會在 Google 排到首一、二位，問他們是否有優惠、相片或者介紹，你可以幫他們上載，這部份你可以酌量收取製作費；你也可以在網站開一欄新消息，模仿報紙採訪行內最新資訊和活動，例如展覽、新車、車的買賣行情、車房服務、簡單的網上預約服務等，可以伸延的方向有很多。

　　因為我已經建立了很多不同名錄網站，有些網站流量比較多，而我自己也有興趣，我就會選擇這些網站深度經營。我在去年建立了幾十個網站，一直在累計數據，想了解各行各業的情

況，其中很多都是名錄模式，就是因為不需要常常更新，所以名錄網站也算是一種適合懶人的獲利模式。

Google adsense [1] —— Google 廣告網絡，網站可以出租網頁版面位置給 Google 投放廣告，以賺取收入 。

一線通網站 [2] —— data.gov.hk

賺錢的點子
比你想像中的多

104

09

交友網站創業

約會帶來的商機？

交友網站創業 —— 約會帶來的商機？

在 2006 年時在香港有一個認識異性的網站「Yahoo 友緣人」，若你是一個有些年資的香港人，應該會聽過。當時有很多人登記，想認識異性。付幾十至一百元就能看到一些異性的資料，或與對方聊天，也有很多線下活動。當時我也想過這種業務是否能試試，就憑著一個勇字，想做就去做，也沒太理會成功機率。

回頭看當時建立的網站其實也很簡陋，雖然我會寫程式，但如果寫整套由註冊、收集詳細個人資料、喜好興趣、聊天等活動的程式，是很繁複的事，所以我買了程式 (script) 來做，但具體是那個程式我已經忘了。

今時今日已經有很多交友 app，如果你還想做交友網站，建議可以去 Codecanyon 用幾十元美金買些程式，就能夠搭建如上圖的一個網站，可以搜尋用戶，然後註冊、登記，還有成功故事等，給大家一個地方認識異性。

如果你跟我一樣喜歡用 WordPress，也可以用外掛 (plugin)，價錢貴一點，約百多元美金，有很多不同的設計可以選擇。上圖是其中一個例子，會顯示照片和個人資料，你可以做一些設定，在已經登記和沒有登記人面前的顯示不同資料，例如要登記付費才可以聯絡見面，這些都是一些標準的交友網站營運模式。

交友網站的各種獲利模式 ── 男女失衡怎麼辦？

一般交友網站的商業模式大致是月費模式，但交友平台有一個痛點，就是供求問題，男性和女性數目要差不多才能做配對。不知爲何，我這個網站男多女少，女性佔兩成，男性卻佔八成。這情況下其實可以變換模式，既然這麼多男生來希望結識女生，

107

而女生數目又少，其實可以讓女生免費使用，像夜店女士之夜那種做法，吸引更多女生。

在約半年的時間，我收集了三千多會員。你可能在想爲何這麼短時間，我可以得到這麼大的會員增長。這是因爲以往在互聯網上，不像現在有那麼多不同款式的交友網站，所以即使我的網站那麼簡陋也會有人使用。此外我還有一個很大的優勢，就是因爲早前創立的求職網，儲存了幾萬個電郵，我發招聘通知 (job alert) 的同時，亦會插入連結，讓他們知道有結識新朋友的網站。

雖然網站有數千人，但我覺得還不足以實行收費。一來是因爲我不想影響流量，一個月幾千的流量實際也不多；而且在男多女少之下，男生來了，發現女生太少，慢慢就不來了，流量也就下降了。可是我當時也想不出什麼方法來增加女生數目，也因爲我同時做了幾十個網站，主要目的是做測試，沒有認眞經營，放手任由網站自然發展至自然消失，這不是一個成功的例子，但是一個有趣的網路商業模式。

親身體驗實體約會活動

上文提過 Yahoo 友緣人會舉辦線下活動。我是 IT 人,不擅於辦活動,所以我在網路輸入 "dating",搜出一堆交友、約會、speed dating 服務的公司。他們會按不同類別、年齡搞配對活動,例如安排 3 男 3 女的專業人士到一間很體面的餐廳見面,參加者需要預先支付餐費;或舉辦成派對形式,安排 20 男 20 女在一個場地喝飲品聊天。

　　我接觸過一些安排約會的公司尋求合作機會，這些公司卻告訴我，他們的資料庫是女多男少，經常有很多女生參加，可能因為工作原因，她們沒機會認識異性，剛好跟我的資料庫相反。於是我和兩間公司談好，在我簡陋的網站上加一欄活動，讓我網站的會員可以點進去參加活動，然後跟我分拆。其實這也賺得不多，活動費本身利潤已經不高，一百幾十元活動費，即使拆帳 20%，也不過一位三十元左右。

　　談到約會活動，第一次合作我也要看看情況，順便支持一下，所以我也假扮成其中一名參加者，反正他們不夠男生，我亦找了兩位朋友一起壯膽。現場看到有人亂「抄牌」(漁翁撒網式收集電話)，可能是另一間交友公司來收集電話，建立他們的資料庫，讓他們將來舉辦活動時容易找到參加者。因為願意付費參加這次活動的，可能也願意參加另一次活動，所以他們用一種臥底模式，取得參加者聯絡方式。

　　另一種約會活動，是大約一千元的餐飲活動，價錢較高，所以利潤也高些。例如香港藝人官恩娜和她的醫生丈夫，就是在這種活動認識。

還有一種只負責安排配對，不會替你預約場地和收入場費；也有的會替你預約場地，但不會收取入場費。他們的資料庫有男生和女生，例如客人是一名女生，他們知道這個女生有什麼要求，就會按這些要求去男生資料庫，找三個符合的給女生選擇。女生選擇後，就將女生的個人資料發給那位男生，如果男生也無異議，他們就會幫兩位安排餐廳預約，之後餐廳用餐的細節交由男女雙方自行決定。這種配對服務，每次雙方都會被收費幾百元，相當容易賺錢。因為單身的女生比較多，一個男生可以選擇和很多位女生見面，不過當然吃飯次數多，花費也會多。

另一間公司舉辦 20 男 20 女形式派對，他們會致電之前參加過單身派對的男女，從而推銷活動，但因為香港的成本高，所以當時他們在深圳已設立了電話團隊，負責溝通和活動推廣工作，也會不時給會員介紹新會員。我以前有見過這間交友公司的宣傳，但現在沒有了。

教會群體的交友需求？

　　十多年前還有一個更小眾的教會交友群體。平時我們說的女多男少，比例大約是 52：48，女生稍為多一些。教會告訴我的數字令我相當吃驚 ——原來教會內的男女比例是男 2：女 8。那時我接觸的一間交友公司，男女各方收費幾百元，女多男少的情況下經常欠缺男生，所以男生選擇很多。由於需求大，那時是很容易賺到錢，而且負責安排的這間公司，基本上可以足不出戶，只需要查看會員個人資料，檢查有可疑的地方，但教會的人一般比較乖，所以他們的工作大都可以用電話完成。

　　這是我在網上做交友業務，和跟這些交友公司打交道有趣的見聞，但我的資訊已是十多年前的，不知道現在是否有很大的改變，如果你有興趣做這個業務，就要親自花時間去研究一下了。

10

情色行業創業

色情片網站與郵寄避孕套
生意，好經營嗎？

情色行業創業 ──

色情片網站與郵寄避孕套生意，好經營嗎？

2006 年我經營過兩個和性相關的網站 ──色情影片網和賣避孕套的網站。

經營色情網的獨特挑戰

要經營一個色情片網站，說難不難，說易不易。大家都說互聯網的推動其實是靠色情影片，串流伺服器 (server) 和 Youtube 的誕生和色情影片都脫不了關係。經營色情影片網門檻很高，因為會有很多用戶瀏覽，那時色情影片網站和普通網站流量的比例是 6：1，可見流量之高，而且影片數量多，需要強勁的壓縮和串流技術，所以色情影片網站比起一般網站有更先進的技術。

初時我以為建立一個色情影片網很簡單，放些色情影片在網站上，取得流量之後再說，沒想到後來發生了很多麻煩事。

首先原來很多網頁寄存服務 (hosting provider) 是不容許放色情影片和圖像。以前我寄放網站的寄存服務都寫得很誇張，無限流量每個月的收費只是幾元美金，於是我在別人的色情網站下載了兩個約 200-300mb 的影片塞入伺服器，一來網頁寄存服務沒有寫不准上載色情片；二來當時我沒有串流伺服器的概念：例如當你正在看第十秒的時候，伺服器會載入至 20 秒，不會完整載入，因爲怕你中途可能不看了，而且完整載入需要等很長時間。那時我會直接把幾百 mb 的影片放進去，要等 2 分鐘全部下載才能看到，但人們願意等，始終色情片有它的魔力。

　　我上載了兩條影片之後，因爲還沒正式推出，不知道會發生什麼事，有多少人看，網頁寄存服務提供的無限流量是否眞的無限，這些都不知道。我想賺廣告費，就去看 Google Adsense 看，結果發現 Adsense 廣告是不能放在色情網站。外國有些專門投放廣告在色情影片的廣告商 (Ad network)，但相比 Adsense 一個點擊可能賺一元，這種廣告商一個點擊只有幾仙報酬，所以若不是網站流量大到一個程度，是生存不了的。而且影片網站需要串流技術，要把成本壓低，可想而知技術需要有多強。

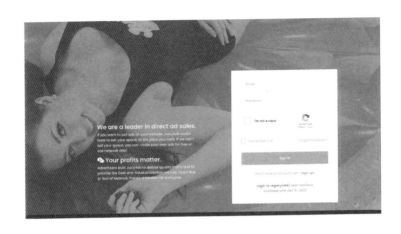

　　我的推廣方法方式是在網路討論區例如 Uwant、

Discuss，用關鍵字（例如 sex) 搜尋，進入相關群組，大部份的

人都會在那裏分享圖片和色情影片，或談男女間的事，我就簡

單地放了兩條影片的連結，第二天看到已有 2000 人流，人流增

長之快是我做各種業務前所未見。兩天後，我收到伺服器公司

的通知，說不能再爲我提供服務了，因爲我用了他們太多的頻寬

(bandwidth)。假設我一條影片 200mb，2000 人要整個下載來

看，這樣就用了他們至少 4Gb，而且還是在短短兩天內，而我每

月只付幾美金，那當然要趕客了。

　　我發現這樣的流量一般伺服器是撐不下去的，於是我就去

看其他公司，發現原來有網頁寄存服務專門爲色情片網服務，伺服器的費用如果以用量計也不算貴，但入門門檻比較高 (100-200Gb)，我那時只是想放一兩條影片試試這個點子，最終也沒有註冊到一個色情網站的廣告商，因爲他們的要求很高，要達到約 50 萬的人流，才能申請投放廣告，所以成本不低。

但即使入門需要 50 萬流量，老實說這種色情網站很容易達到。我純粹在討論區放入兩條連結，第一天有 2000 流量，通常討論區每天有大量貼文，舊的貼文很容易被淹沒，但第二天仍然有一千人來看，即是說第一天去過我網站的人，第二天會再回來。我可以相當肯定的說，色情片網不需要花很大功夫做推銷，人們來過一次，便會記得網址，是一種很特殊的網站。我已是十多年前的經驗，現在色情網站應該發展得更成熟，更容易建立。我沒有繼續經營，因爲那只是我當時建立的 50 個試驗網站其中一個。

郵寄避孕套 —— 本小利大的生意？

我營運過一些網店，賣護髮用品，但看我的髮型，就知道不太成功。

我也賣過避孕套，那時的域名叫 condomfamily。

我在網路上搜尋，結果找到泰國的出口商，他們有自己的零售網店，但也有批發。他們有不同款式，有些比較有名的牌子，有些則是外國不知名的品牌，我就進了幾千元的貨，成本很低，例如香港一個售價是 $10，入貨批發價大約是 $3-$4。

當時這個網站的收費系統是什麼？本來我在想是否用 Opencart，後來回看我用的是 Oscommerce，相信沒有相當年資的人，也不會聽過這系統。年代久遠，我也忘記那時 WordPress 是否已經有 Woocommerce。

我選擇賣避孕套的個原因，是因為它輕巧細小，可以放進信箱，同時售價亦不低，一盒十個已經要 $80-$100。當時我也相當大膽，沒有用掛號，而是直接用本地平郵寄到客人信箱，所以我的運費極低 ($1.4)，即使一個訂購只是幾十元的生意，我也能夠賺到錢。

此外，當時我算是開創了先河，因為包裝盒上是泰文，我怕客人擔心是水貨假貨之類，所以我就拆開了貨盒散裝出售，客人可以訂購幾個不同牌子，然後我把它們裝進信封寄給客人。客人也似乎喜歡這種形式，因為可以嘗試不同的牌子，所以我是有回頭客的。這個項目只營運了短時間，從初推出，到三個月已經有回頭客，因為我亦有求職網和交友網的客源，我可以在這些網站 banner 上放廣告，有時亦會在求職網或者交友網上放一兩條連結，引入一些流量到避孕套網店。

　　爲什麼營運了三個月沒有繼續下去？是因爲有些避孕套牌子的包裝質素不太好，避孕套包裝上黏黏的，感覺有些嘔心。而且當時的心態，覺得賣避孕套不是很風光的事，也就算了。最後我賣出幾百個，也剩下幾百個，我就送了給朋友。

　　這就是我營運色情片網站和避孕套網店的經驗。其實我覺得賣性玩具和避孕套，在香港也有很多成功的例子。 如果你有興趣，要取得流量並不困難。我經營的時候沒有太多店家，但是現在競爭可能大了，所以你要仔細考慮。

11

短訊平台創業

如何在創業一星期得到
五百萬投資？

短訊平台創業 ——

如何在創業一星期得到五百萬投資？

我成立過一個短訊 (sms) 平台叫 smscash2U，是一個頗令人興奮的項目。

2008-2009 年的時候，香港政府已經有法例禁止濫發郵件、電話和訊息，廣管局亦有罰則。我當時就想既然有黑名單，是否應該也有白名單呢？

於是我就想準備一個資料庫給廣告商，讓他們發短訊時不會觸犯法例。

短訊平台的獲利模式

這個平台概念很簡單，就是要先收集大量電話號碼。問題是如何讓人願意給我資料，和怎麼找廣告商？這也就是供求問題。這個項目我有一部份做得很成功，有一部份做得不理想，所以最後這個項目還是失敗告終。

一開始我自己寫程式來搭建平台，計劃對用戶宣傳：如果他們願意收取短訊廣告，便會給予回贈，請他們填寫資料。那時 WhatsApp 剛開始，還沒有很多人用，反而短訊更加普及。

我們的獲利模式是這樣的：

每一條短訊，廣告客戶會付給我 $2，我會付給每一個收廣告訊息的會員 $1，而我需要支付 sms 服務供應商每個短訊 $0.4 成本，所以每發出一條廣告短訊，我的利潤是 $0.6 ； 如果有廣告中介轉介生意，每條訊息我會和他五五拆帳 $0.3，最後我也會賺到 $0.3。

項目氣勢如虹，一星期獲得五百萬投資

當時的概念就是這樣，看上去似乎不錯，大家都能賺到錢。

廣告客戶本來是不能發短訊，或者沒有資料庫，要靠我們的資料

庫發給用戶。儘管我不熟悉廣告，也不知道 $2 是高還是低，但會員接收短訊可以賺錢，所以吸納了很多用戶。第一個月便有超過十個媒體報導我們，而且是大主流媒體如經濟日報，因為他們覺得跟經濟有關，而且讀者參加便會賺到錢。除此之外，電台、電視也報導過。短訊收廣告不是什麼新鮮事，但收廣告可以賺錢就很顛覆傳統，所以第一個月吸引到十多個媒體採訪及報導，我當時也很興奮，覺得勢頭強勁。

除了短訊廣告可以賺錢以外，當時我們也實施了一個轉介計劃：當用戶轉介朋友到廣告平台，朋友也可以免費登記成為會員賺錢，每轉介五個朋友就會收到 $100 介紹費；轉介越多朋友，亦會賺更多。因為登記會員完全免費，收廣告可以賺錢，轉介也賺錢，又不是層壓式推銷，所以第一個月已經有兩萬用戶登記，非常誇張，當然十多個媒體報導也有不少助力。

我的求職網也有幾萬人登記，為何說這個短訊廣告平台有兩萬人登記很誇張呢？原因是這個廣告平台要能仔細分類用戶，才能吸引廣告商投放廣告，所以我要求用戶填寫的資料很詳盡：住址和工作地點，詳細到要提供大廈名字，還有興趣、

收入、姓名、電話、電郵等近 20 項資料。

　　我剛開始做這個項目，自己寫程式的時候，跟一個比較富裕的同學提過。後來很多傳媒報導這個平台，我的同學在一個電台節目聽到，跑來跟我說，好像有人偷了我的點子，我便告訴他那個項目就是我的。結果項目發佈一個星期後，他便投資了 500 萬到我這個項目，因爲他看中了用戶增長很快，對他其他的業務投資也有幫助。

爲何還未登峰便急流勇退？

　　在這個項目上我沒花很多時間，用的錢也不多，最後結算時，花費了那位投資者約 20 萬，剩下的我都還給他了。

　　我放棄這個項目是因爲看到前景不樂觀：2008 年 WhatsApp 剛起步，用戶不多，但到了 2009 年，用戶數量突飛猛進，而且完全免費；而我的短訊一個成本 $0.4，怎麼都比不上。

　　更大的問題是我不熟悉短訊市場，不知道廣告客戶願意付

多少錢，我定下來的價格和給會員的回贈不能隨市場說變就變，因爲這樣會引起混亂和招來投訴，所以就在我不能準確定價和 WhatsApp 訊息費用全免之下，這個項目未登峰已開始滑落。我看到這個趨勢，於是在很短時間內就決定了放棄這個項目，寧願跟投資者保持良好關係，以後還有其他項目投資機會，總好過知道這個項目沒有發展潛力，但也繼續消耗他的投資。

我從這個項目學到寶貴一課：即使項目概念和勢頭都很好，但時機錯了 —— 碰上 WhatsApp 起步，這是不能控制的。即使有那麼多媒體助攻、一個月兩萬會員，似乎所有都準備就緒，一個市場變化便會將所有努力化爲烏有。幸好我沒有固執堅持，否則投資者便會虧大本。

這就是一個失敗的經驗，雖然不是虧很多，但這是一個幾日登天、幾個月打回原形的項目，和大家共勉之。

賺錢的點子
比你想像中的多

12

籌款網站創業

與社福界工作的挑戰

籌款網站創業 ——
與社福界工作的挑戰

我在 2011-2012 年期間在網上成立了一個籌款的平台 "eDonation"。

現時因爲有 Kickstarter，所以我們對這種眾籌平台大概不會覺得陌生。我的平台和 Kickstarter 概念很接近，但是用作籌款。

爲何我會有這個念頭呢？因爲我看到有報告指出，在香港這個細小的都市，每年賣旗 1 籌募到的款項可以達到一億。現時我沒有再跟進最新數字，但我猜想數字可能更大，因爲多了用電子渠道或八達通捐款。當時我覺得用賣旗這樣的模式，線下能籌到一億，猜想如果在線上做，最壞也至少有一、二千萬。

籌款網站怎樣運作？

因爲系統比較複雜，當時的 WordPress 還未能夠做到，所

以我就花錢找了一間公司替我建構。網站的樣子就如下圖,有點像 Kickstarter。

這個網站幫助一些平常需要賣旗籌款的機構,把籌款轉移到網路進行。當時有很多中小型機構需要籌款,但缺乏渠道,Facebook 當時也未有開放功能讓大家在平台上籌款。

每次籌款都需要設立一個主題,例如愛護動物協會拯救貓狗、綠色和平要阻止氣候變化等等。主題不一定要很大,也可以是一些很小型的專案。

當時經常有報業如蘋果、On.cc 為一些單一事件來籌款,

例如一位小朋友弄傷了腳，需要籌錢做手術或買輪椅，概念就
是這樣。

假設有一個專案需要籌款一萬多元，這些機構可以在網站
建立一個籌款活動，描述目的和目標，再附上一些資料和更新，
然後用 facebook 或電郵發出訊息，讓有追蹤訂閱這些機構消
息的大眾收到通知後，到網站捐款。網頁上會顯示 facebook
的評論，用戶也可以分享到其他社交平台。網站並會顯示籌款數
字的進度，機構如果在綫下收到善款也可以更新善款數字。

建立網站時只是憑著一個很單純的想法：在市場上線下已
經有一億的收入，在網路上並沒有爲機構舉辦籌款的系統，也
就是說市場可以更大；當然也可能其實根本不存在。

系統建立了之後，我跟另一個同事做 cold call 和發電郵，
在政府網站找了慈善機構名單和社聯支持的機構名單，然後開
始電話聯絡。 2011-2012 年期間，我們接觸了約三百個非政府
機構 (NGO) 和慈善機構。有朋友在社福界工作，他聽了我們的
概念後，覺得應該可以幫到不少機構，尤其中小型組織，因爲每
一次賣旗籌款活動，同區只限一個機構，所以每個機構可能一

年只有一、兩次機會賣旗籌款，而且如果那個機構沒有名氣，人們對捐款會感到遲疑，再者中小企也較難於動員義工做賣旗活動，所以他覺得這項目很好。

籌款網站不同收費模式嘗試

下一步我開始設計收費方案，並要做價目表。當時我一共考慮過三個收費方案，它們並不是同一時間推出的，而是按客戶反應後，調整逐一推出，看哪個行得通。

第一個嘗試的方案是月費 ($200) 計劃，以一個 SaaS model 軟件形式使用。月費主要作為刊登籌款活動的費用。當時香港有過萬間 NGO 和慈善機構，即使只有百分之幾的用戶，收入也很可觀。推出了月費計劃後，我等了一段時間，發覺沒有人加入，於是我就嘗試另一個收費方式。

第二個收費方案是佣金制，零月費但收取 7.5% 佣金 。這是參照了其他網路捐款方式，例如使用信用卡或 paypal 捐款，通常會被收取 3-4% 服務費，每筆款項再要外加 $2.35。假設

捐款 \$100，機構實際收到大約 \$94。這個收費方式看來沒什麼問題，也比較方便。但當我嘗試用佣金制作推銷時，剛好發生了一些社會事件。

事源是有些替社福機構籌款的公司會派出年青人替他們推銷月捐計劃，他們會在街上截停路人，請他們簽名支持某個慈善活動，然後會找一位異性，對路人說一些惹人同情，例如海龜或小朋友的故事，如果路人願意支持，便請他填寫信用卡資料，成為一位每月捐款者。社福機構比較少每月捐款者，賣旗也是一次性。月捐是很大的承諾，還能預計現金流，有助穩定營運，對社福機構很重要。但那些公司聘請了很多年青人，也沒給他們很多薪金，或只以時薪計算。這種線下協助籌款模式牽涉到一個龐大的佣金制，這些公司會收取社福機構 30-40% 佣金。

後來有個做分析的機構去翻查這些公司年報，想知道捐款的去向，有多少真正能落入有需要的人士手上，發現這些在街上截停路人募捐的公司，抽走了 30-40% 的捐款，慈善機構收到了的捐款只剩下六、七成，還沒算行政費。這件事被公開之後，有很多協助籌款的公司被質疑，當時算是一宗大新聞。因此就

算我的第二個收費方案，佣金只收取 7.5%，相比他人收取 30-40%，簡直是差天共地，但當時風聲鶴唳，社福機構一看到是佣金制，就算只是 7.5% ，也有如驚弓之鳥，不願意使用。

同時月費也有一個問題：網絡捐款要支付 Paypal 和信用卡的手續費。7.5% 佣金已包括了所有費用，當中 3.9% 是 Paypal 或信用卡的收費，所以我從中賺到的實在微不足道。推出一個新的項目，一般要運行一段時間，但我定的佣金收入太低，這個計劃也此路不通了。

第三個終極的方案是不收月費，也不收佣金，用戶只需要支付信用卡手續費，這等同我把系統送給他們免費使用。

在前兩個計劃接連失敗，開始懷疑人生之際，我只想看看免費之下系統會否有人願意使用。結果他們仍然糾結在信用卡手續費上；他們好像沒想過寄支票或銀行匯款也有行政費用，雖然可能較低。

另一個在網路募捐的原因是在社交媒體上舉辦募捐活動，經常有情緒牽引，看了一個悲慘的故事，網民除了精神支持，也

可以馬上在網路上捐款作實質支持，這也是我最初的目的。

　　結果推出了三個方案，最後連免費他們也不願意使用。我得出一個結論：不是免費的，就會有人想要；也不是好的東西，就會有人使用。

爲何免費服務也沒有人採用？

　　後來一個在社福機構任職 IT 的朋友向我解釋：社福機構的科技進程比商業機構的晚幾年，太早推出一些他們未接觸過的東西，他們會有恐懼感。他們習慣了用紙張做紀錄，也習慣了既定的辦事模式，會抗拒突如其來的轉變；會計也習慣了綫下賬簿和銀行轉帳，不習慣處理網上銀行戶口往來。社福機構不熟悉轉變，又多了事情要顧及，就會有所抗拒。

　　另一方面，社福機構覺得推行也有複雜性，因爲建立一個活動之後，他們要幫忙宣傳，但他們覺得把籌款活動在 Facebook 上發佈有困難，因爲當時的社福機構科技都比較落後，有些甚至沒有 Facebook 專頁，更不用說有多少追蹤者可以看到這些活動。他們收集了很多捐款和捐款者資料，卻原來沒

有認眞收集捐款者的電郵，所以也沒辦法向捐款者推廣活動。

在 eDonation 創業過程中，我體會到對於社福界太先進的不能推行，免費也不是王道。可能社福機構中有些人會想嘗試，但一旦發現操作過程中需要學習新方式，他們便會選擇不用。

我那時很天眞地覺得系統會幫助他們收到多些善款，而且我的收費很低，甚至不收費，理應有更多人受惠，原來這都是我一廂情願的想法。我和一兩位朋友討論，他們認爲出發點是善良的，但到眞實操作的時候，那些社福機構就不是這樣想。這個經驗教訓我應該一開始先找社福機構討論，雖然也有可能初次傾談，他們會覺得概念很好，但到了實際推行，他們看到價目的時候，他們才會認眞考慮，用這些系統時會面對什麼情況，我才能夠得到最眞實的回饋。

所以當你要開始一個項目，你可以先做一個最簡單可行的 MVP2 。我當時因爲太年輕，搭建了整個系統，才去找用戶討論。其實應該找程式人員先簡單設計幾頁網站，然後把想法解釋給社福機構，如果他們並沒有興趣，便不用創造這個系統了。

賣旗 [1] ——賣旗籌款的俗稱，是香港慈善機構籌款的一項模式。 慈善機構會邀請大量義工，在街頭上向市民募捐。 義工拿著一個錢袋和大量小貼紙（昔日是小旗幟，因而得名），當市民投放金錢於錢袋後，義工會將小貼紙貼在捐款者的衣服上，以作識別。

MVP[2] —— 最小可行性產品 (Minimum viable product)， 是可以讓目標用戶使用的前期產品，幫助開發團隊蒐集回饋，並從中學習。

13

網站製作公司創業

人多真的好辦事嗎？

網站製作公司創業 ──
人多真的好辦事嗎？

在第三章提及我曾經代理一個髮型屋和美容院的軟件，有一位合夥人和一些員工。那段時間我們接觸了不同的髮型屋和美容院，替他們做管理系統。我看到他們儲存了很多客人資料，便提議他們利用這些客戶資料發送短訊和電郵做推廣，或者做一個網站，讓他們被顧客看到。後來因為 Facebook 越來越普及，便替這些客戶建立 Facebook 專頁，慢慢地就從這一堆客戶中開展了越來越多範疇的服務。

我們這間公司叫 Zizsoft，業務包括興建網站、應用程式 (app) 製作、社交媒體管理、電郵行銷 (EDM)、短訊推廣等，跟現在提供整合行銷的公司 (Marketing agency) 一樣。行銷公司也有幾類，有些規模很大，有他們專長；有些則是判頭形式，洽談了生意再外判，自己做項目管理的工作。我和合夥人都有電腦背景，很多工作可以自己應付，因為年輕，也很喜歡寫程式，於是能給客戶提供各類型服務。

製作公司如何運作獲利？

公司目前會替客人用 WordPress 架網站，以前還會寫系統、寫程式、做 PHP。現在較多用 WordPress，以前有客戶用 Joomla，Drupal，後兩者現在較少人用，但幾年前三套系統使用的人數是差不多的。公司也會幫客戶做網店，那時還沒有 Shopify，我們會用 Woocommerce、 Magento、Opencart、Prestashop 等系統，稍有年資的人可能會聽過這些系統。簡單來說我們是一家製作 (production) 公司。

公司高峰期時，員工曾經達到 20 人。我的合夥人做項目經理 (project manager)，有 3 位客戶經理、行政部同事、2 位設

計人員、10 位程式開發人員：其中有 6 位製作網站，其他 4 位則負責開發 app。

當然不是一開始就有 20 位同事，是從做網站開始，到管理社交平台、投放廣告、app 製作再慢慢疊加。而我是公司唯一的銷售員兼長期 top sales。

提供這些服務可以賺多少？做網站現時市價從幾千到幾十萬都有，就看網站有多複雜。我們那時收取中間價位，通常數萬元，也有少數超過過十萬。那時招聘人手不容易，IT 人手一向比較渴市，很難聘請到優秀的人才。現時的薪金比較高，以前剛畢業的大學生月薪約 $13000-14000，現在可能要 $23000-24000。

我們是怎樣收費呢？假設一個網站項目收費是幾萬元至十幾萬元，一般收費的模式，是分開兩期至三期。我們當時的做法是先收一半訂金，結案後再收另一半費用；有時會先收三成，完成設計再收三成，結案就收取餘下四成。不同的公司可能收費方式不同。

至於投放廣告，純廣告投放的客人會請他一次付全額，如果是公司現成的客戶，有付費使用我們其他的服務，我們可以小額墊支他們的廣告費。

為何生意越增長，問題越多？

我們公司的生意額由從前的一年一百萬，慢慢增長到最高峰五、六百萬。公司亦由 2 人變 4 人，再到高峰期的 20 人，看似一切順利，可是增長到一個程度，問題就開始出現。IT 人的薪金增幅有段時間特別大，達到 8-10%，但客人付款卻沒有這個增幅；而且市場多了競爭，做項目可能反而要減價。那時公司已經擴大了，必須維持人力支援各類客戶，IT 人又比較貴，平均一人每月薪金 2 萬元來說，20 人就要 40 萬，辦公室租金，再加各種雜費，每個月支出近 50 萬。

公司只有我一個銷售員，每個月我要達到最少 50 萬生意額，談到新項目才能多賺些，也就是說無論有沒有人手，我也要不斷接新項目；公司也有每年或每月的固定收入，例如網站寄存

收費每月百多元，流量高的網站最多也是收費千多元；還有之前提過的髮型美容院系統代理，每年收費三四千元，有百多位客戶。有了這些固定收入來源後，我每個月要達到的營業額大約 40 萬，但這也不是小數目，就當架設網站每個收費 5 萬元，一個月要得到 8 個架設網站的生意，但這只是營業額，而且客戶也不是一次就付 5 萬元，他們先付一半，所以我們只收到 20 萬，也就是說我要繼續找客戶。

另一邊廂，公司的員工會流失，尤其 IT 人轉職相當頻密，通常工作 1-2 年、最多 3 年就會走。知識層面上，做產品和做項目不同，我們這些製作公司市場上有很多，每個項目都是一次性的，做項目的人一段時間後也會離開公司。做項目的知識和經驗是工作的人擁有的，這套知識也會跟著他流失；產品就不同，同一個產品可以不斷演化改進，產品是公司擁有的，資產不會流失，客戶可以慢慢增加。項目雖然有資產流失的缺點，但還是很多人願意做，原因是賺得多。做好一個系統軟件產品賣出去，可能只收取客人幾十美元，要有很多客戶才能做到幾十萬的數目，況且香港市場又小。

由於要做項目，所以我不斷找客戶，那時 app 也開始興起，app 開發好一點，至少十多二十萬起跳。一個月如果找到一個客戶做 app，再加兩三個客戶做網站就達標了，這樣壓力也會少些。問題是我不擅於管理員工，我不喜歡管理，甚至不喜歡管理這個詞，我覺得成年人有自己意願，應該對自己負責。但現實中不是每個人都那麼自律，有的很隨意，有些質素會比較差。

當我或合夥人一天能完成一個工作，因為新入職同事經驗或技術比較不足，可能會用較迂迴的方法解決問題，五天才完成，這影響了我們的生產效率。我跟客戶談的時候，是基於我對項目的了解，去計算所需時間，再加上一些緩衝，可是絕沒想過緩衝時間需要幾倍。這是一個慘痛的經歷，也是導致我後來作出重大改變。

公司生意高峰期到了每年 600 萬，即一個月 50 萬時，每個月也需要 50 萬營運成本。我每個月都處於極大壓力中，想盡辦法達標去支持公司營運。因為一定要發薪水給員工，我是最後才領薪水，還曾試過沒有薪水。有時一個項目完成了交給客戶，等待客戶確認時，拖延了時間，期間我的員工不能閒置，要調派

去做另一個工作；然後中途那個客戶又突然要求儘快讓網站上線，我又得請員工擱置手頭工作，回去做客戶的項目，工作排程隨著人手增加，變得十分困難。

艱難決定

2019 年香港社運前，我感到公司前路茫茫，app 製作變得很歸邊，只有大公司才會想製作自家的 app，而他們也只會找規模大的 app 開發公司替他們設計，我們這種中小型公司很難接到大公司的工作。相反中小企又覺得 app 對他們沒有什麼幫助，就只會建網站。我們預見 app 的需求減少，會令收入減少，製作網站的需求也不會增加。市場上有很多人做社交媒體管理，良莠不齊，很多人都提供類似的服務。我們爲了維持公司運作，有時要接低質素、利潤也不高的工作，形成惡性循環，一方面要爭取工作，另一方面要維持人手，保持產量，但又難以招人。所以我很尊敬經歷過經濟環境差的公司，不管他們做得好不好，但起碼在市場仍有一席位，我已經覺得他們很厲害。

當時我跟合夥人商量縮減公司規模，不是縮減一點，而是大刀闊斧地精簡；但也不是關門大吉，因為當時還有百多個髮型屋、美容院客戶，網站寄存和維護也有 200 多個客戶 —— 每年還有幾百客戶的固定收入。即使每年有 5% 客戶關門，這幾百個客戶也足夠我們營運幾年時間。

最後我作了一個非常艱難的決定：裁員。

有聘請員工經驗的人都會知道，第一次裁員心裏會覺得很不好意思。那次我把十多位同事一次性裁走，我跟他們真誠地傾談，告訴他們公司的難處：看不到前路，不希望他們跟著搭沉船。趁現在情況不至於無藥可救，希望他們出去另謀高就，自動離職，我也給他們寫了很好的推薦信。最終公司裁減到只剩下我和合夥人。

你可能會疑惑：「只有兩個人，怎樣應付日常工作呢？」。其實我們開發的網站已經很穩定，維護工作量不多；我們代理軟件也不需要做開發工作；幫客戶做網站寄存也沒有什麼問題，因為我們用優質的寄存公司，他們提供很多支援。所以即使剩

下兩個人，我也很少參與這間公司的營運，因爲不用再找新客
戶，就讓那位合夥人可以拿到比較豐厚的薪水，獨立支援幾百
個客戶。

　　這間製作公司從一間 2 人公司發展到 20 人，然後中間遇到
種種問題、時勢的轉變，最後爲了公司可以繼續營運，對現有客
戶負責，無奈之下要裁員。有意思的是，一間以前一個月 50 萬、
一年 600 萬的生意額的公司，老闆支薪有問題；反而現在縮減，
回到 2 人公司，每個月都有盈餘。

　　所以人多並不一定好辦事，創業成功的關鍵是要用最少的
人，做最多的事，拿到最高的利潤，才是應該想的方向。現在我
這個生意仍然在營運中，繼續提供客戶服務，並且有利可圖。

　　這就是我做製作公司的經歷，而這個故事還沒完結。

14

冷壓果汁店創業

經營餐飲甚艱難？

冷壓果汁店創業 ── 經營餐飲甚艱難？

在我營運製作公司時，我同時亦創立了一間果汁店。因為我對數碼的東西有興趣，所以自然地連果汁也是透過成立網店出售，儘管沒有實體店面會比較吃虧。

網店發售的是當時流行的冷壓 (cold pressed) 果汁。冷壓技術的出現，是因為用傳統方法 ── 攪拌機壓榨水果時，高速會產生較高溫度，果汁裏的營養物質會在高溫下被破壞或流失 ── 這是我知道的簡單概念。冷壓果汁比較少營養流失的問題，而且這些果汁不加水、不加糖，在外國很流行，有時還會添加各種營養物在果汁內。

當年剛好我正在提供網站服務給社福界，他們告訴我社福機構會提供到會服務，所以有一個面積大、領有食廠牌照的空間，其中有一區暫時未有人使用，向我打聽會否有人有興趣承租。因為他們不想浪費空間，希望能用盡所有資源，獲得的收益可以幫助低收入人士。

我對冷壓果汁頗有興趣，於是有了做果汁店的念頭，一來

當時流行；二來有個現成的廚房，我可以僱用一些低收入人士和婦女，既有市場，也可以爲社會做些貢獻，好像半隻腳踏進了餐飲界。

我沒有資金投資店面，所以成立了一家網店，在公司一個角落設了個小攝影棚，親自操刀爲產品拍宣傳照；再買了幾台家用榨汁機做冷壓。因爲不是工業用榨汁機，所以生產速度慢；切水果也是自己來，因爲沒有資金投資機械。那時覺得很過癮，即使做不好，也不會虧大本，因爲地方和牌照也不是我的，我只是負責建立一個網站。

我從一無所知開始摸索，從買榨汁機、設計商標和果汁瓶上的貼紙、找適合的果汁瓶、了解需要符合的衛生標準；到處查找營養高、味道好的配方；製作、試飲和定價等工作都親力親爲，然後在小攝影棚中自己打燈拍宣傳照，把它們放上網站（superfood.hk）。我大約設計了八至十款飲品，現在回看這些照片，雖然說不上專業，但顏值還是不錯的。

TOPLIST OF THE WEEK

果汁店營運的難處

　　於是我開始經營果汁網店生意，也做了廣告推廣。我不是沒有做過網店，網上付款、設立送貨區這些都輕而易舉，但我初期沒有想清楚很多細節：食物類產品很快變壞，水果放久了不新鮮，味道也會變差。為了降低成本，我囤積了很多橙，我以為最多人喜歡橙汁，結果不是。我不想這些橙過期浪費掉，於是我天天喝橙汁。再者運送果汁不能用常溫，雖然不用冰凍，但需要冷凍，當時香港順豐還沒有這種服務，只有宅急便一間獨市公司，

所以服務價錢並不便宜，而且因為我不是大量出貨，我覺得他們也有些不情願替我送這麼小量的貨。

果汁店營運了半年，高峰期一個月曾達到萬多元的生意額，但問題慢慢浮現：一方面要囤積水果，然後要聘請員工製作，但這最少要有半天至一天的工作量，不可能叫低收入人士和基層婦女長途跋涉，但只聘請他們一、兩個小時。如果單量極少的那天，我要親自到火炭的食物廠製作。這是一個極大的問題 ——我從一個策劃者，變成動手製作的人。除了果汁店，我同時還要兼顧很多其他工作，和管理製作公司。

　　食物類產品還有其他問題：非食物類可以容許三至五天的運送期，而且收貨人也不介意送貨時間和貨品存放位置。但果汁需要冷凍保存，一定要有比較準確的送貨時段，要配合客人收貨，讓他們放進冰箱，所以我們要讓客人選擇時間，還要配合廚房的開放時間。接訂單時，要提供兩個月的時間表；接到訂單後要安排人手製作，然後叫宅急便來收貨送貨；如果宅急便某時段不能送貨，又要和客人商討調整時間；缺少某些水果時，我要臨時去採購 …… 各種問題浮現，讓我驚覺這個生意不是想像中簡單：安排冷凍運輸相當麻煩，食品類會到期會變質 …… 所以六個月後我決定放棄。

　　最後結算虧損了幾萬元，主要是租金，我就當作給社福機構的捐款。一開始我也抱著半生意、半慈善的心態。本來想上軌道後，可以自動化地賺取一些收入，及支持社福機構，但原來會有很多意想不到的問題發生，最後還要自己動手榨果汁，真正有價值和能賺錢的工作，我卻沒有空閒去做。所以之後當我再創立網店，會避免售賣保鮮期短的產品，尤其是食物，或者要冷凍運輸的貨物。

　　對行業不熟悉，硬要踩進去，其實是很冒險的。

15

放大版樂高創業

夢幻產品的不夢幻經營

放大版樂高創業 ——
夢幻產品的不夢幻經營

在經營製作公司的時間，我同時又創立了另外一個生意
—— 銷售 "Everblock" (放大版樂高積木)。

我一接觸這個產品就被它深深吸引，覺得非常有趣。

也許你有看過這個 Youtube 影片：有兩個人砌積木，最後
搭建了一個房間。這些積木不是給小朋友玩的那麼小，而是很
巨大的，互扣的位置非常穩固，還有很多配件，可以築成一道門，
然後就能搭建一個房間，完全不用鑿牆。於是我跟 Everblock
公司談代理，就如我第一次談軟件代理那樣。

我發訊息給他們談代理的時候，還有另外五間公司也想代理香港市場，有教育行業的、有貿易背景的。我用誠意和死纏爛打的方法，加上說可以用網路方法推廣，最後打動了他們 ； 也可能是我的髮型跟負責人一樣，所以他決定將代理權交給我。

　　這是美國紐約的產品，連製作也在紐約，這是我始料不及的，我一直以爲在中國生產，在紐約那麼遠令我暗捏一把汗，但無論如何我都想嘗試。

　　我用最熟悉的方法開始：就是建立一個網店，把產品、圖片和那個影片都上載了，預告產品即將到港。產品是從紐約以船運來，需要一個半月時間，我也從那時開始接觸進出口、稅務、海運材積計算、最少訂貨量、電匯等等知識。第一次我訂了十萬元的貨品，包括不同顏色、大小的積木，和做桌子、門的配件，相當有趣。訂購了貨品，我就放在網站預告和推廣。

　　由於那個宣傳片實在非常吸引，很多媒體平台在免費的情況下願意幫我轉播。首兩個星期在各平台播放率總數達 120 萬次。很多人覺得很吸引、很想買，所以在第一個貨櫃還未到之前，貨品已被訂購一空，賣了二十萬。整個過程左手交右手就賺了幾

萬元，我便開始膽大心雄起來。當時有一個富裕的朋友看了那條宣傳片也非常喜歡，希望加入，並說可以用他的地舖做推廣，然後投資叫我多進一些貨品。

由於海運很慢，第一批貨發售時非常成功，有很多人想買，但我也沒貨可賣。積木尺寸雖然只有大中小，但有很多顏色，所以 SKU[1] 很多，佔的空間不小。每件積木價值數十元也不貴，但如果用搭建板間房的成本跟積木相比，用積木搭建房間一定會貴些，雖然不是貴很多。板間房和積木房間的分別是，板間房還原就要拆卸，積木房間不用，這也是一大賣點。但板間房牆壁很薄，積木牆比較厚，在香港寸金尺土的情況下，積木牆會比較佔空間，所以不能以取代板間房作賣點來推廣。

回說第一批積木發售非常成功，令我變得進取，而且又有人加注投資，於是後來我訂購了一百萬的貨品。因為積木體積巨大，我們訂了三個 40 呎長的大貨櫃才能裝下，然後分批分期到港。我們繼續接觸更多機構推銷，他們是有興趣的，但沒我們想像那麼大。我們心中暗叫不妙，貨物已在船運中，如果我們不能左手交右手，倉存成本就會上升。如果貨物體積小而貴，例如名

錶、高級化妝品，倉存成本低，但銷售利潤高；可是我們的積木體積大、價格低，存倉越久，虧損越大，直接令利潤下降。高峰期倉存成本每月達兩萬多元，幾個貨櫃還會陸續到港，當時要賣出的壓力很大。

意外開發的積木市場

後來幸運地讓我發現一個界別很適合使用這些積木 —— 就是小學、幼稚園，也有一些中學，他們會買很多積木，可能政府有資助讓他們做 STEM[2] 活動，培養學生創造力。因為他們本來已有一些課程會利用樂高積木刺激學生的邏輯思維，現在只是把這些積木變大，於是學校購入了很多。

　　還有一個界別，就是展覽場地，他們覺得積木很漂亮，可以砌出各種不同的東西。我曾經用這些積木砌了六米高的某些香港建築物。不過他們並不是要買我們的積木，而是想租，但這也是好的，給我們開展了另一條路，分兩批貨，可買可租。

　　因為積木有新鮮感，展覽會覺得有趣，願意租用，有些會付租金，有些不付租金，而是免租金給我一個展覽位置。我覺得產品有機會曝光也是好的，於是曾經在兩個月內去了十個展覽砌積木和拆積木，這些大積木動輒 1000 件，砌出來的成品是很漂亮，可是沒有收取到費用。就算有一些客戶付錢租積木，也不是很多。

漸漸浮現的各種問題

　　正如之前提及，這些積木體積大，存放成本高。有些客人看到有很多顏色，想砌很多不同的東西，例如聖誕樹，但我不是每種顏色都夠他們用，不能完全滿足他們的需求。

　　最後我發現這門生意對我也不容易，因為管理倉存不是我

所長，我的強項是建立網店和推廣。雖然我推廣得相當成功，很多人都知道這個產品，但真正銷售的時候，香港大部分家庭沒有那麼多空間可放置，只有一些公司會買。這個產品在外國非常盛行，因為外國家庭地方大、有花園，可以用積木砌一張椅子享受一下，在香港就比較困難。

這門生意是在 2017 至 2019 年營運的，2019 年我便把這個業務轉讓給一位做零售的朋友，當時算是虧本轉讓，虧了幾十萬。整個過程我學到的是價值不高但體積大的產品，倉存十分昂貴；運送途中可能有破損，令該批次有問題，所以也要學跟供應商討論退貨，但因為從紐約來貨，我也不可能退貨。如果產品是從中國大陸生產及運出，對我比較輕鬆，運送成本低、時間短，我也不至於要訂那麼大量的貨品。

我未來做網店的考量，就是要選擇體積小和較高價值的產品，生意就可以做長久些。另外我學會了不要因一次成功就過分進取，寧可慢慢增長。

SKU[1] (Stock Keeping Unit) —— 產品的不同組合，例如尺寸、顏色。

STEM[2] —— 是 Science、Technology、Engineering 以及 Math 這 4 個字的縮寫，也就是結合了科學、科技、工程以及數學 4 個專業領域的新興教育議題。

賺錢的點子
比你想像中的多

16

網上課程平台經營

體驗了各種創業模式後
的終極最愛

網上課程平台經營 ——
體驗了各種創業模式後的終極最愛

這是我在本書內分享的最後一個創業,是我正在經營,也是覺得最適合我、收入不錯、潛力最大的一個生意模式。

目前我的職稱是數碼顧問 (Digital consultant)。通常人們會稱自己為數碼行銷顧問 (Digital marketing consultant),我拿走了行銷,因為我做的工作不單止行銷,還有製作,而且會幫助客戶考慮一些業務有關的事。

2019 年我把製作公司規模縮減至剩下 2 人,而且公司業務主要交給我的合夥人處理,我便騰空了很多時間。空出那麼多時間,對於喜歡想東想西的我是一個很大的問題,所以又想搞些新意思。

於是我就以自己多次成功和失敗的創業得著,和這些年累積的 SEO 和的數碼行銷經驗來創立了 HD Course 這個平台。

建立網上教學平台的經歷

一開始沒想太多，單純想在網路上分享知識經驗，就開設一個社交媒體專頁。有些人開始一個新專頁，沒有追蹤者，可能會覺得緊張，於是便把自己個人帳戶變成專頁，製造千多人讚好的假象，但我沒有這樣做。2019 年我從零開始，到 Facebook 專頁現在有五千多追蹤者，雖然不算多，但我的題材是關於數碼行銷，也不算是主流題目。我經常在不同社交平台上分享各種題目，Youtube 至今已有二千多訂閱，都是從零開始慢慢累積而來的。

　　我除了分享知識，也製作了影片教學，現時共有 75 個各種不同題目的課程。一開始我只有一個初學者 SEO 的課程。最初推出課程時，我設定了有兩個選項：定價 $68 的月費計劃，和一個千多元的永久計劃。當時我名不經傳，可能有一些行內人知道我，但普羅大眾並不認識我。

　　那時月費計劃有少數人參加，我堅持每個月新增一至兩個課程。幾年下來，現時已經累積了 70 多個。製作第十個課程時，我認為是時候調整價格，於是把月費加到 $97，直到今時今日，都沒再調整價格。

這是一個訂閱模式的網上課程，就像 Netflix，頻繁地增加新影片，用戶就很願意付費。同樣我想大家不斷想看我的課程，也願意繼續付費看，所以月費只收取幾十元，而且每月增加新內容。有些人忘記需要回看；有些人沒有一次全部看完，有需要時才看；有些則以公司名義參加，然後讓同事們看。

　　我一開始已經設計了這兩個計劃，月費計劃比較容易接受，永久計劃比較貴，而且大家不認識我，沒很大信心。久而久之，月費計劃的人看了我的課程，覺得內容和老師教授的方法都不錯，慢慢建立信心，有些會轉到永久計劃。目前月費計劃有幾百位會員，永久計劃有一百位以內會員。我個人比較喜歡月費計劃，因為我希望看著數目慢慢增長，經營便會越來越輕鬆。

　　剛開始我很難找到學生，一兩個課程收費即使只是幾十元，人們還是很猶豫，不知道是否值得。當我有了十個課程之後，這幾十元就很超值了，相等於平均一個課程幾元而已。況且現在我已有 70 多個課程，等於一個課程收費不到兩元，所以現在就沒有人覺得月費貴了，因為他們得到的價值越來越高。我希望盡量給現有會員不斷增值，讓他們不會流失，或盡量減少流失，新

的用戶也會覺得很划算，除非他不認識我，或對我分享的題材沒興趣，否則收費肯定不是問題。

其實有些行家對我也有點不滿，因為一個網上課程通常售價千多元，而我 70 個課程收費只是幾十元，所以對行家也是一個壓力。行家有些也是我的朋友，他們就會直接嗆我「做爛市場」。我常想：「要麼做第一個，要麼做最好那個」，就是朋友阿石說的「第一，唯一」。我並不是第一個做廣東話課程的，但我是第一個提供幾十個課程的，以量來計算，做到價錢這麼便宜的我不是第一，而是唯一。網上課程的好處是製作課程後只需上載到網站，沒有其他工序，所以我也不介意用較便宜的價錢給大家學習。

我有賣過產品，例如開過網店賣果汁，那些產品需要進貨存貨。網上課程沒有庫存，無論今天只有一個用戶，或是明天有一萬個用戶，我也不需要加大存貨量，只要網站流量支援到就可以，這是我最喜歡的。

教學網站引伸出其他獲利模式

我有很多關於 SEO 課程，SEO 又跟反向連結 (backlink) 有關，於是我可以另外創建一個新平台分享這些關連性的資訊，再吸納一批付費訂閱。

我還跟阿石合作創造了一個 SEO 工具，目前付費用戶有一百以內，免費用戶有千多人。如果不懂寫程式的，可以建立程式工具嗎？其實整個工具都不是我創造出來的，而是我在一個自由工作者網站 Fiverr 找了一個程式開發人員替我開發的。因為這是一個小工具，而且開發人員對 SEO 有一定認識，我就委託他替我做這個項目。

我們的策略是這個項目一推出的時候提供永久計劃，然後就轉成只有月費計劃，因此在初期已回本，並賺到了錢，目前每個月還有些現金流收入。所以製作程式工具不一定需要懂得寫程式，但有這方面的知識會好一些，因爲要跟寫程式的人討論。

現時我的商業模式是開課程做老師。當你誠意地分享有價值的知識，就會聚集到對你有好感的人，覺得你的知識有用，想跟你學習，慢慢你的學生會增加，也多了在香港或海外的演講機會。我也考了一些軟件的專業試，然後去公司做培訓。義務的工作我也會參與，這些主要是爲了打響招牌，讓更多人認識我。後來也有學校邀請我開座談會，也可以賺到一些車馬費。

種種培訓和諮詢的工作和活動都有連帶性的，提高曝光。當你分享有價值的知識，然後就可以教授網路課程。有些人不是看了課程就會懂得做，他們便會直接私下找我提供網站服務、提升 SEO、優化網站等等。

跟以前經營製作公司不同，以往我會聘請員工，但我保證不了質量，自己憑經驗會知道怎麼做，但我不能逼同事和我同步，他們需要時間成長。現在我只會接收少量客戶，然後全都是親

力親爲，用十八年的經驗和知識，只服務小群組的客戶，收費就可以比較高。

　　我在製作公司那個創業經驗裏提過，每個項目都是一次性的，項目完成之後，人才和知識都沒法留下來。現在我不做項目了，全部收費都會以工時計算。以前做項目，完成後有機會卡在客戶那裏無法啓用，而且做項目有一些細微改動很難寫清楚，例如網頁製作包含免費改動三次，但如果只修改一、兩個字，是否也算一次？其實當然是的，因爲要開檔案做，但這樣客人又會不高興。現在改用時間計算就不同了，想改多少次都沒問題，我預計好一個小時要做的工作，如果有額外工作，我就會減少另一些工作，這樣做客人比較容易理解，知道我並非想留難或不想做，只是時間問題。

　　因爲我不斷做分享和課程，有一批客戶就是經這個途徑認識我的，他們對我在網上的言行舉止和分享都有正面的印象，知道我是認真的。以往服務客戶和幫他們搭建網站時，感覺他們視我爲「IT 狗」（指的是從事 IT 行業的一類人，因爲這個行業常常要熬夜加班做編程，累得像狗一樣）；現時他們會認同我能幫助到他們，這是截然不同的感受。

　　現在除了可以賺到錢，也不用做我不喜歡的員工管理工作，還得到更多尊重。不斷做分享、演講、Youtube 上都會獲得越來越多追隨者，可以經這些途徑去推廣課程，也有一些用戶是看了我的影片，然後直接找我提供服務。這些都是以集客行銷 (inbound marketing) 或內容行銷 (content marketing) 的方法去吸引客戶，不再是以前用 cold call 的方法，而是他們主動諮詢。客戶主動聯絡的好處，是他已經看過你的分享，對你的產品和服務有些了解，不是對你一無所知，所以你也不用多費唇舌，因爲他對你已有一定信任和好感。

　　收入方面，我除了經營網上課程、到學校或機構做培訓、顧問服務、替少數客戶以工時計算的數碼服務，還有其他途徑獲得收入。有時一些客人會請我推薦網站寄存或 SEO 工具，我就會做聯盟行銷轉介 (afiliate marketing)，就是給潛在客戶一條連結到軟件的網站登記，有時客人還能得到一些折扣，而我也會賺到服務供應商少許獎勵，平均一個月通過這種模式可以賺到數千港元；另外我亦成爲了 Youtube partner，在我影片內的 Youtube 廣告也會分到一些錢，雖然不多，但累積下來也可以慢慢變多。

　　其實我不太介意收入的多少，反而比較重視收入渠道的廣闊面，因為不知道哪個部分未來會有升跌，但渠道越多，安全性越高，正是我做培訓和諮詢而賦予我這個空間，讓我可以接觸各種不同的東西，上面說的全部都是和網路有關。

　　我的課程除了會上載在自己的網站，也上載到 Udemy 讓用戶付費觀看，到現在累積收入一千多美元。

Amazon 出版書本的獲利模式

在 Amazon 我也出版了幾本中文書和英文書，這裏也有些收入。中文書內容是我口述，然後找人替我寫出來，因爲我不懂中文輸入法，文筆也不特別好。Amazon 的中文書只有電子書，因爲他們不支援中文書印刷。

我的幾本英文書，兩本關於喪屍，一本是搞笑的愛情小說「沒有互聯網的世界」，故事意念是我的，但我也是找代筆（忘了是在 Upwork 還是 Fiverr 找的）。

英文書可以選擇電子版和紙本版，想要實體版，Amazon 會代爲印刷。我的英文書總共賣了七百多本。2019 年 4 月不知道什麼原因，喪屍那本書賣了 80 多本實體書；電子書用戶可以逐頁翻看，總共被翻過十多萬頁。賺到的錢的數目不是很多，我收過幾張支票，有英鎊有美金，收回了我請代筆的成本，還讓我擁有了幾本著作，雖然也說不上賺大錢。

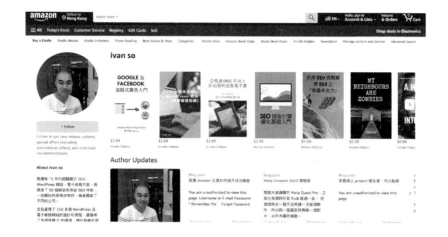

從事網上教育的好處

總結一下，做網上培訓或教育是不錯的選擇，你不需要倉存。只要你持續提供有價值、有營養的內容，自然吸納到追隨者，你就能夠成為一個自媒體，往後你要推出產品或內容都比較容易，因為已經得到追隨者的信任，大家會找你提供服務、做分享、辦課程。一些傳統媒體想在網路上辦講座，報名人數也可能沒有我們做自媒體的多。早前我舉辦了一個免費的網上講座，有500人報名，真正出席的也超過一半，其他的人會在網上回看。傳統媒體很難有五百人登記活動，需要一定的知名度。以個人來說，幾千個追蹤者雖然不算很多，但還是能顯示出威力。

　　所以你應該找一個較專門的範疇深入鑽研，當你分享的時候，會收到很多觀眾問題，雖然回答問題並不能賺錢，但你也要盡快回答，因為這代表著你對這範疇的熟悉度，和對他們的重視，這會提升他們的忠誠度。有一天你的觀眾可能會購買你的產品或服務，即使他不買，也會把你介紹給別人。

　　到目前為止，網上課程平台是這麼多年來涵蓋範圍最廣，而我最喜歡的一個創業，而且我還可以騰出一些時間做不同的試驗，衍生出各種收入模式，事實上收入也相當不錯。

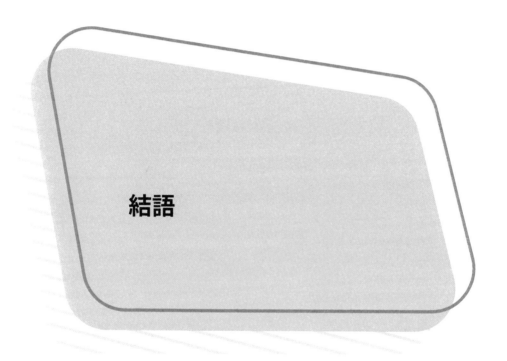

結語

結語

這本書是我濃縮多年的創業經驗，十多年來經歷過不同的成功與失敗，希望藉著這一本創業書，令你可以減少撞板（碰壁）的機會。

希望你可以從我成功的例子中，獲得一些想法，令到你在創業或將會創業時，提升成功率；亦期待你能從我失敗的例子中，了解到不同生意中有機會犯錯的地方，融會貫通，從而減低你生意失敗的機會率。

看完這本書之後，願你可以坐言起行，立即寫下你想創立什麼業務、如何進行及需要什麼的資源才可以達成？

哪怕是你現在沒有創業的想法，利用這個機會，當作練習一下，到你真正想創業時，你構思及實行的速度就會比第一次進行來得快。

經過這麼多的創業體驗，我會叫這些做「實驗」，因為這是一個不會完結的過程，要不斷地測試，改進及實踐，才能

達到一個更好的成果。

　　我會鼓勵你保持對身邊各樣事物的警覺及興趣，從而發掘一些創業的點子，因爲創業就是解決問題。如果你常常能夠察覺身邊的問題，自自然然培養到點子自動在腦海中慢慢生成的狀態，你就可以逐漸孕育出一個成功的創業點子，從而加以實行。

　　最後，我想感謝創業多年於我身邊出現不同的人和事，沒有他們的出現，沒有可以成長的機會，也沒有今天的我。

　　希望你也可以帶着這個心態去面對未來身邊的人和事，加油！去創造自己的一番事業吧！

國家圖書館出版品預行編目(CIP)資料

賺錢的點子,比你想像中的多 : 17個以小搏大的創業實戰分享/Ivan So蘇子賢作. -- 一版. -- 臺北市 : 速熊文化有限公司, 2023.03

180 面 ; 14.8 x 21 公分

ISBN 978-626-95037-5-9(平裝)

1.CST: 創業 2.CST: 企業經營 3.CST: 職場成功法
494.1 112001131

賺錢的點子，比你想像中的多

── 17 個以小搏大的創業實戰分享

作者：Ivan So 蘇子賢
編輯： Jeanie Tsui 徐健賢
出版者：速熊文化有限公司
地址：臺北市中正區忠孝東路一段49 巷17號3 樓
電話：(02)3393-2500
出版日期：2023年3月
版次：一版
定價：台幣 525 / 港幣 138
ISBN：978-626-95037-5-9
港澳總經銷：泛華發行代理有限公司
香港新界將軍澳工業邨駿昌街七號星島新聞集團大廈
台灣代理經銷：白象文化事業有限公司
401 台中市東區和平街228 巷44 號
電話：(04)2220-8589   傳眞：(04)2220-8505